舍与得的人生经营课

文娟 编著

图书在版编目（CIP）数据

舍与得的人生经营课 / 文娟编著. -- 长春 : 吉林文史出版社, 2019.2（2019.8重印）

ISBN 978-7-5472-5871-2

Ⅰ.①舍… Ⅱ.①文… Ⅲ.①人生哲学—通俗读物 Ⅳ.①B821-49

中国版本图书馆CIP数据核字(2019)第022067号

舍与得的人生经营课

出 版 人　孙建军
编 著 者　文　娟
责任编辑　弭　兰　张　蕊
封面设计　韩立强
出版发行　吉林文史出版社有限责任公司
地　　址　长春市人民大街4646号
网　　址　www.jlws.com.cn
印　　刷　天津海德伟业印务有限公司
版　　次　2019年2月第1版　2019年8月第2次印刷
开　　本　880mm×1230mm　1/32
字　　数　208千
印　　张　8
书　　号　ISBN 978-7-5472-5871-2
定　　价　38.00元

前　言

　　著名作家贾平凹说："会活的人，或者说取得成功的人，其实懂得了两个字：舍得。不舍不得，小舍小得，大舍大得。"树舍灿烂夏花，得华实秋果；鸣蝉舍弃外壳，得自由高歌；壁虎临危弃尾，得生命保全；雄蜘蛛舍命求爱，得繁衍生息；溪流舍弃自我，得以汇入江海；凤凰舍其生命，得以涅槃重生；人舍墨守成规，得别具一格；舍人云亦云，得独辟蹊径。可见，只有懂得了舍得的人生大智慧，才能够将自己的人生经营得有声有色，活得精彩，活得快乐。

　　人生就是一个舍与得的过程，人们常常面临着舍与得的考验，"得"是本事，"舍"是学问。正如一位高僧所说的："舍得，舍得，有舍才有得！"关于舍得，佛家认为：舍就是得，得就是舍，如同"色即是空，空即是色"一样；道家认为：舍就是无为，得就是有为，即所谓"无为而无不为"；儒家认为：舍恶以得仁，舍欲而得圣；而在现代人眼里"舍"就是放下，"得"就是成果。其实，懂得舍与得的智慧和尺度，就懂得了人生的真谛。我们需要通过"取舍"来丰富人生，在"舍得"中体现智慧，在"舍得"后感悟人生。

　　舍与得是一种哲学，更是一种处世的艺术。我们生活的世界原本纷繁复杂，很多东西在追求和面对的时候，需要我们不断地去选择，去割舍。大部分时候，"鱼和熊掌不可兼得"，在得与失当中想要做出正确的选择，是一件艰难而痛苦的事，所以，需要我们有"看开、放下、平和、淡然"的良好心态来面对。其实，人要有所得，必要有所失，只有学会舍，才会有得，才有可能登上人生的巅峰。舍和得的关系，就如因和果，因果是紧密相连的。舍，并不是全部舍掉，而是舍掉那些沉重的、让你走不远的负累，留下那些轻快的、灵性的美好，从而让你闪耀着含蓄、内敛、从容的光芒。

舍与得是一种精神，更是一种对生活的领悟。有人说，世上从来没有命定的不幸，只有死不放手的执着。患得者得不到，患失者必失去。佛教导我们要舍得，只有舍掉陈旧不堪的执着，才能得到新的观念、新的思维；只有放下不切实际的妄想，轻松上路，你才有机会比别人跑得快，才有体力比别人跑得远。人生充满变数，所以人生必然是一个不断选择、不断获得与失去的过程，如果没有一种乐观豁达的心态，那么不管是多么幸运的人，都不会拥有真正完美快乐的人生。人不可能永远只是获得，而从不失去，珍惜当下所拥有的，就是一种最好的生活方式。

舍与得是一种智慧，更是一种人生境界。在人生的旅途中，懂得舍与得的智慧，你才会快乐，才会让自己无怨无悔。星云大师说："心随境转则不自在，心能转境则无处不自在。"舍得是一种好心态，会让你拥有一个好人生。对于想要成就大业者来说，看破了得与失的玄机，学会从得到中失去，就能从失去中获得，成功即是由此而来。我们都希望长命百岁、荣华富贵、眷属和谐、名誉高尚、身体健康、聪明智慧，但先要问：你想要秋天的硕果，可否在春时播种？只有真正懂得舍与得的智慧，才能更好地善待自己。要知道，人生苦短，不过是来去匆匆的几十年，与其在抱怨中度过，不如为自己营造一方快乐的天地。

泰戈尔说过："当鸟翼系上了黄金，就再也飞不远了。"从某种意义上讲，人生是愈得愈少，愈舍愈多。本书围绕"舍与得"这个似乎人人熟悉却又难以参悟透彻的命题进行了系统全面的探讨，从不同角度、不同方向将舍与得的智慧娓娓道来，哲理深邃，寓意深远，为读者提供了一种健康智慧的人生心态、一种正确的哲学态度、一种走向幸福与成功的处事方法，让读者能够更好地享受生活、成就大业，经营好自己的人生。

目 录

第一章 有一种智慧叫舍得

第二章 大舍大得，有限退让换来无限空间

1

第三章　进退有数，得失之间学会取舍

第四章　先舍后得，智慧做人灵活处世

第五章　舍小求大，吃亏也是福

第六章 懂得放弃，有舍才能有得

第七章 释怀过去，活在当下

第八章　不为物累，让心灵回归简单

第九章　淡看名利，人生知足才常乐

第一章　有一种智慧叫舍得

舍，修身养性的最高境界

俗话说："万事有得必有失。"得与失就像小舟的两支桨、马车的两个车轮，相辅相成。佛家讲："舍得，舍得，有舍才有得。"失去是一种痛苦，但也是一种幸福。所以，丧失与收获、追求与放弃，本就是生活中最平常不过的事情，我们应该以一种平和、乐观的心态看待得失。

要想采一束清新的山花，就得放弃城市的舒适；要想做一名登山健儿，就得放弃娇嫩白净的肤色；要想永远拥有掌声，就得放弃此时的赞美。梅、菊放弃安逸和舒适，才能得到笑傲霜雪的艳丽；大地放弃绚丽斑斓的黄昏，才会迎来旭日东升的曙光；春天放弃芳香四溢的花朵，才能走进硕果累累的金秋；船舶放弃安全的港湾，才能在深海中收获满船鱼虾。

郁达夫说："勇者并不是蛮勇之谓，凡见义不为为非勇，欺凌弱小为非勇，贪图便宜、使乖取巧、自私自利皆为非勇。"

一位作家多年前在日本某寺求得一帖，是为上上大吉。帖中许多内容都已忘怀，唯有一句因为经常炫耀的缘故他牢牢记下了：遗失之物能够找到，等待之人一定会来。的确，没有比这更值得炫耀的预言了，把它移赠给谁都是吉祥祝福：前者为失而复得，后者则是如愿以偿，人生几乎不再有缺憾。

一个青年非常羡慕一位富翁取得的成就，于是他跑到富翁那里询问他成功的诀窍。富翁弄清楚了青年的来意后，什么也没有说，而是转身从厨房拿来了一个大西瓜。青年有些迷惑不解，不知道富翁要做什么，他只是睁大眼睛看着，只见富翁把西瓜切成了大小不等的三块。

"如果每块西瓜代表一定的利益，你会如何选择呢？"富翁一边说一边把西瓜放在青年面前。

"当然选择最大的那块！"青年毫不犹豫地回答。

富翁笑了笑说："那好，请用吧！"

于是富翁把最大的那块西瓜递给了青年，自己却吃起了最小的那块。当青年还在津津有味地享用最大的那一块的时候，富翁已经吃完了最小的那一块。接着，富翁很得意地拿起了剩下的一块，还故意在青年眼前晃了晃，然后又大口吃了起来。其实，那块最小的和最后那一块加起来要比最大的那一块分量大得多。

其实，人要有所得必要有所失，只有学会放弃，才能得到人生的大收获。

该放就放，当松则松，这是一种智慧，也是一种洒脱。生活并不是完美无缺的圆，正因有了残缺，我们才会有梦。放手也需要一种勇气，洒脱地将目光放在前方，才有可能远眺极致的风景。

放弃是一种智慧，放弃是一种豪气，放弃是真正意义上的潇洒，放弃是更深层次的进取！你之所以举步维艰，是你背负太重；你之所以背负太重，是你还不会放弃，功名利禄常常微笑着置人于死地。你放弃了烦恼，你便与快乐结缘；你放弃了利益，你便步入超然的境地。

今天的放弃，是为了明天的得到。干大事业者不会计较一时的得失，他们都知道放弃、如何放弃、放弃些什么。

学会放弃吧，放弃失恋带来的痛楚，放弃屈辱留下的仇恨，放弃心中所有难言的负荷，放弃浪费精力的争吵，放弃没完没了的解释，放弃对权力的角逐，放弃对金钱的贪欲，放弃对虚名的争夺……凡是次要的、枝节的、多余的，该放弃的都应放弃。

放弃，是一种境界，是通往幸福的一条必由之路。

"舍"是一种觉悟，更是一种自由

一老一少两个和尚一起到山下化斋，途经一条小河。两个和尚正要过河，忽然看见一个妇人站在河边发愣，原来妇人不知河的深浅，不敢轻易过河。

老和尚立刻上前去，把那个妇人背过了河。

两个和尚继续赶路，可是在路上，老和尚一直被小和尚抱怨，说作为一个出家人，不应该沾女色，你怎么能背个妇人过河？

老和尚一直沉默着，最后他对小和尚说："你之所以到现在还喋喋不休，是因为你一直都没有在心中放下这件事，而我在放下妇人之后，同时也把这件事放下了，所以才不会像你一样。"

小和尚听了，顿时哑口无言。

故事里的小和尚确实很可笑，喋喋不休地指责同伴。背的人还没说什么，看的人却这般过不去，实在是因为他的心胸有些狭窄。

其实，生活原本是有许多快乐的，只是我辈常常自生烦恼，"空添许多愁"。许多事业有成的人常常有这样的感慨：事业小有成就，但心里却空空的，好像拥有很多，又好像什么都没有。总是想成功后坐豪华游轮去环游世界，尽情享受一番。但真正成功了，仍然没有时间、没有心情去了却心愿，因为还有许多事情让人放不下……

对此，作家吴淡如说得好："好像要到某种年纪，在拥有某些东西之后，你才能够悟到，你建构的人生像一栋华美的大厦，但只有硬件，里面水管失修、配备不足、墙壁剥落，又很难找出原因来整修，除非你把整栋房子拆掉。你又舍不得拆掉。那是一生的心血，拆掉了，所有的人会不知道你是谁，你也很可能会不知道自己是谁。"仔细咀嚼这段话的味道，我辈不就是因为"舍不得"吗？

很多时候，我们舍不得放弃一个放弃了之后并不会失去什么的工作，舍不得放弃已经走出很远很远的种种往事，舍不得放弃对权力与金钱的角逐……于是，我们只能用生命作为代价，透支着健康与年华。但谁能算得出，在得到一些自己认为珍贵的东西时，有多少和生命相关的美丽像沙子一样在指间溜走？而我们却很少去思忖：掌中所握的沙子数量是有限的，一旦失去，便再也捞不回来。

自在的快乐便是佛家所说的那种境界，"要眠即眠，要坐即坐"，如果一个人茶饭不宁，百种需求，千般计较，自然谈不上是真正放下，又如何去感受快乐？

舍下一切，才是开始处

有人说，世上从来没有命定的不幸，只有死不放手的执着。所以，不要总是羡慕他人的自在与洒脱。他们获得幸福的原因也很简单：不执着于缘。懂得放下，就可以开始新的人生，也便易得逍遥，快乐无穷。

南怀瑾先生对那些逍遥的人很倾慕，认为这些人真正能够做到"放下"二字。做了好事马上要丢掉，这是菩萨道；相反地，有痛苦的事情，也要丢掉。所以得意忘形与失意忘形都是没有修养，都是不够的，换句话说，便是心有所住，不能解脱。一个人受得了寂寞，受得了平淡，这才是大英雄本色。无论怎样得意也是那个样子，失意也是那个样子，到没有衣服穿，饿肚子仍是那个样子，这是最高的修养，就像孟子说的"富贵不能淫，贫贱不能移，威武不能屈"。不过，达到这步修养太难。

真正的人生该如何过呢？南先生认为重点在"随"字。时空的脚步永远是不断地追随回转，无休无止。子在川上曰："逝者如斯夫"。河水能够冲走泥沙与污浊，时间能够抹去人类的一切活动痕迹，世间没有永恒不变的东西，也没有绝对的真理和绝对完美的事物，人所能做到的就是"随"，顺时顺应，随性而走。

庄子临终前，弟子们已经准备厚葬自己的老师。庄子知道后笑了笑，说："我死了以后，大地就是我的棺椁，日月就是我的连璧，星辰就是我的珠宝玉器，天地万物都是我的陪葬品，我的葬具难道还不够丰厚？你们还能再增加点什么呢？"学生们哭笑不得地说："老师呀！若要如此，只怕乌鸦、老鹰会把老师吃掉啊！"庄子说："扔在野地里，你们怕飞禽吃了我，那埋在地下就不怕蚂蚁吃了我吗？把我从飞禽嘴里抢走送给蚂蚁，你们可真是有些偏心啊！"

一位思想深邃而敏锐的哲人，一位仪态万方的大师，就这样以一种浪漫达观的态度和无所畏惧的心情，从容地走向了死亡，走向了在一般人看来令人万般惶恐的无限的虚无。其实这就是生命。

在 20 世纪，一位美国的旅行者去拜访著名的波兰籍经师赫菲茨。他惊讶地发现，经师住的只是一个放满了书的简单房间，唯一的家具就是一张桌子和一把椅子。

"大师，你的家具在哪里？"旅行者问。

"你的呢？"赫菲茨回问。

"我的？我只是在这里做客，我只是路过呀！"这美国人说。

"我也一样！"经师轻轻地说。

既然人生不过是路过，便用心享受旅途中的风景吧。每个人的一生都像一场旅行，你虽有目的地，却不必去在乎它，因为你的人生不只拥有目的地而已，你还有沿途的风景和看风景的心情，如果完全忽略了一路的风情，人生将会变得多么单调和无趣，活着还怎么称得上是一种享受呢？

每一道风景从眼前过了，每段缘分与自己重逢再离别，你仔细回味一番，充分享受其中的滋味，不必对得失耿耿于怀，在痛苦时想想快乐，快乐时不忘苦楚，始终保持心情的平和，生命才会充满温暖柔和的色彩。等到缘分过了，风景没了，等待你的还有另一波风光和快乐，之前的一切便可放下，享受眼前此刻，要懂得开始的背后是放下。

时间公平地对待每一个瞬间，但人在生命的旅程中却不能停滞不前，总沉湎于过去。只有不停地向前走，才能摆脱重重阻碍，得见白云处处、春风习习的旅行终点。

一念放下，万般自在

一位哲人曾说："每个人都有错，但只有愚者才会执迷不悟。"事实的确如此，生活中有两种爱抱怨的人，一种是爱抱怨别人的人，另外一种则是喜欢抱怨自己的人。前者容易清醒，后者则经常执迷不悟，一旦认为自己错了，就消沉，不再振作，让抱怨在心里生出"毒瘤"，并任由这颗"毒瘤"毁掉自己的一生。

在南美洲，有两个人因为偷羊而被官府抓获，官府要将他们刺字、发配。家人不想就此见不到自己的亲人，于是筹了钱款来赎他们，结果这两个人都被赎了回来，可是烙在前额的两个英文字母 ST 却再也不能去掉。ST 是"偷羊贼"（sheep thief）的缩写，这种刑罚在现在的人们看来有些不人道，但在当时却被认为是惩罚犯罪的最佳手段，因为烙在前额上的字母永远都去不掉，所以人们要想不遭受这种羞辱，不到万不得已就不会以身试法。

可是这两个偷羊人却因为一时贪心，犯下了偷盗之罪，所以就不得不带着那两个代表着耻辱标记的字母，继续在公众面前生活和工作。这对于任何一个有羞耻之心的人来说，都是一种难堪，也是一种考验。

当时，这两个偷羊人之中的一位，每天从镜子中看到自己前额上的烙印，都觉得这实在是一种奇耻大辱。他简直不能想象自己无时无处不带着这种耻辱去面对异样的目光。他整天都不敢出门，最后他连家里人看自己的眼神也忍受不了，于是他移居到了另一个国家，希望到一个没有人认识自己的地方去开始新的生活。

可是，当他来到了这个陌生的国家后，每逢碰到不认识的人时，对方仍旧会奇怪地问他这两个字母究竟是什么意思，他的心情始终不能平静，每天都感觉生活痛苦不堪，终于抑郁而终。死后，有好心人按照他的遗愿将他埋在了一处荒山野岭之中。那个地方只有他的一座孤坟，也许从此以后他才算免去了心头的羞辱，因为那个地方几乎没有人去。

与前面那个偷羊人不一样的是，他的那个伙伴虽然也深知自己以后的处境，而且他同样对自己过去犯下的罪行感到羞愧。可是他并没有像前面的那位一样远走他乡，而是在人们异样的目光下和一些人明里暗里的嘲讽中留了下来。他心想：虽然我无法逃避偷过羊的事实，但我仍旧要留在这里，赢回我曾经亲手葬送的声誉，赢回众人对我的尊敬。

从此以后，他靠自己的双手辛勤地劳动，用自己的劳动果实来孝顺父母、养育家人，而且每当邻居有困难的时候，他都会义不容辞地主动帮助。一年年过去，他重新建立起正直的名誉。邻居们每逢有困难时，首先想到的就是他这个大好人，在邻居的介绍下他还娶了一位温柔美丽的妻子，并且生下了一个聪明可爱的孩子。

时间一晃而过，他的孩子也已经长大成人，而他则成了一位白发苍苍的老人。

有一天，有个陌生人看到这位老年人头上有两个字母，就问一个当地人，这究竟是什么意思。那个当地人说："他的额上有两个字母，已经是多年以前的事了，我也忘了这件事的细节，不过我想那两个字母是'圣徒'（saint）的缩写吧。"

第一个偷羊人之所以一辈子闷闷不乐，最后郁郁而终，是因为他"放不下"，所以面对自己已经犯下的错误，选择了逃避。而第二个偷羊人能够放下抱怨，理智地面对曾经犯下的错，并努力改正，这是一种明智的选择，因为逃避不能改变任何事情，而只会使自己的心灵受到更大的伤害。

可见，不抱怨自己，也是我们需要学习的一课。没有人是圣人，所以，没有人能够一辈子不犯错误，犯了错误不可怕，可怕的是不改正，同时还抱怨自己。因此，宽容别人的同时，也要学会宽容自己，不一味抱怨自己，这样，忧愁就会离你越来越远，而快乐则会离你越来越近。

记住：一念放下，万般自在！

心里舍下，方为真舍下

我们常说，苦海无边，回头是岸。事实上，回头未必是岸，所以人要自救。有一种说法，人会身处苦海，是因为心中横亘着一根梁木，只要将这根梁木放下，就能做生命之舟的船桨，带我们离开苦海，驶向无忧的彼岸。

彼岸人人想去，难的，是放下。弘一法师出家时，离别了两位妻子，这万缕柔情一头牵曳着两位幽怨女子的苦心，一头牵曳着无上光明的法心，怎么斩、怎么断？可是法师毅然放下了，一去不回头。这是万缘放下自逍遥的洒脱。

有位中年人，觉得自己的日子过得非常沉重，生活的压力太大，想要寻求解脱的方法，因此去向一位禅师求教。

禅师给了他一个篓子要他背在肩上，指着前方一条坎坷的道路说："每当你向前走一步，就弯下腰来捡一颗石子放在篓子中，然后看看会有什么感受。"

中年人照着禅师的指示去做，他背上的篓子装满了石头后，禅师问他一路走来有什么感受。

他回答说："感到越来越沉重。"

禅师说："每一个人来到这个世界上时，都背负着一个空篓子。我们每往前走一步就会从这个世界上捡一样东西，因此才会有越来越累的感慨。"

中年人又问："那么有什么方法可以减轻人生的重负呢？"

禅师反问他："你是否愿意将名声、财富、家庭、事业、朋友拿出来舍弃呢？"

那人默然，不能回答。

那人向往解脱，但禅师告诉他解脱的方法时，他就默然了，由此可见，放下有多难。

放不下，是因为没看破。佛法在分析人生的基础上更是看破人生。看破人生实际上是对于人生价值的肯定，因为我们只有透过醉生梦死的虚幻人生，看破功名利禄是过眼烟云，把人性的恶习一点儿一点儿克服掉，才能够显示出人生的价值。不看破这虚幻、迷惑的人生，我们人生的价值是永远不会显现出来的。看得破就能"放下"，"放下"了也就看破了，也就不再执着于小我，这样就能步入离苦得乐的解脱之道。

抚州石巩寺的慧藏禅师，出家前是个猎人，他最讨厌和尚。

有一天，他追赶一只猎物时，被马祖道一拦住。这位讨厌和尚的猎人，见有个和尚干扰他打猎，就抡起胳膊，要与马祖动粗。

马祖问他："你是什么人？"

石巩说："我是打猎的人。"

马祖问："那，你会射箭吗？"

石巩说："当然会。"

马祖说："你一箭能射几个？"

石巩说："我一箭能射一个。"

马祖哈哈大笑："你实在不懂射法。"

石巩很生气："那么，和尚你可懂得射法？"

马祖回答："我当然懂射法。"

石巩问："你一箭又能射得几个？"

马祖回答："我一箭能射一群。"

石巩叫道："彼此都是生命，你怎么会忍心射杀一群？猎人虽以杀生为本，但杀取有道，这叫不失本心。"

马祖语含机锋地问："哦，看来你也懂一箭一群的真义，可怎么不去照一箭一群的法则去射呢？"

石巩说："我知道和尚一箭一群的意思，可要让我自己去射，真不知道如何下手！"

马祖高兴地说："呵！呵！你这汉子旷劫以来的无明烦恼，今日算是断除了。"于是，石巩便扔掉弓箭，出家拜马祖为师。

慧藏禅师真可谓放下屠刀，立地成佛，这是慧根，是机缘，其中的因果妙不可言。杀生的猎人，转眼间就成了救世的和尚。所以说，放下，不在明天，不在后天，就在此刻。

有人想放弃什么不适合自己的东西，总是犹犹豫豫，一次一次下决心，一次一次要改过，却总没能成功。本来可救渡你的梁木，总横亘在心中，没有成为桨的机会。

功名利禄过眼忘，荣辱毁誉不上心

俗话说："天下熙熙，皆为利来；天下攘攘，皆为利往。"贪腐者们追求的那些东西其实不外乎安适的身体、丰盛的食品、漂亮的服饰、绚丽的色彩和动听的乐声，到头来终究是一场空而已。

有个人对默仙禅师说："我的妻子贪婪而且吝啬，对于做好事、行善，连一点儿钱财也不舍得，你能慈悲到我家里来，向我太太开示，行些善事吗？"

默仙禅师是个痛快人，听完那个人的话，非常爽快地就答应下来。

当默仙禅师到达那个人的家里时，那人的妻子出来迎接，可是连一杯水都舍不得端出来给禅师喝。于是，禅师握着一个拳头说："夫人，你看我的手天天都是这样，你觉得怎么样呢？"

那人的夫人说："如果手天天这个样子，这是有毛病，畸形啊！"

默仙禅师说："对，这样子是畸形。"

接着，默仙禅师把手伸展开成了一个手掌，并问："假如天天这个样子呢？"

那人的夫人说："这样子也是畸形啊！"

默仙禅师趁机立即说："夫人，不错，这都是畸形，钱只能贪取，不知道布施，是畸形。钱只知道花用，不知道储蓄，也是畸形。钱要流通，要能进能出，要量入而出。"

握着拳头，你只能得到掌中的世界，伸开手掌，你能得到整个天空。握着拳头暗示过于吝啬、张开手掌则暗示过于慷慨，那个人的太太在默仙禅师这么一个比喻之下，对做人处世和经济观念、用财之道，豁然领悟了。

有的人过于贪财，有的人过分施舍，这都不是禅的应有之处。吝啬、贪婪的人应该知道喜舍结缘是发财顺利的原因，因为不播种就不会有收成。布施的人应该在不自苦不自恼的情形下去做。否则，就是很不纯粹的施舍了。

《圣经》中有这样一句话：人降临世界的时候，手是合拢的，似乎在说："世界是我的。"他离开世界时手是张开的，仿佛在说："瞧，我什么都没有带走。"世间的道理大多都是相通的。

一个人是否追求名利，往往取决于一个人的荣辱观。有人以出身显赫作为自己的荣辱，公侯伯爵，讲究某某"世家"、某某"后裔"；有的人则以钱财多寡为标准，所谓"财大气粗""有钱能使鬼推磨""金钱是阳光，照到哪里哪里亮"，以及"死生无命，荣辱在钱""有啥别有病，没啥别没钱"，等等，这些俗话正揭示了以钱财划分荣辱的现状。

以家世、钱财来划分荣辱毁誉的人，尽管具体标准不同，但其着眼点、思想方法并无二致。他们都是从纯客观、外在的条件出发，并把这些看成是永恒不变的财富，而忽视了主观的、内在的、可变的因素，导致了极端、片面的形而上学错误，结果吃亏的是自己。持这种荣辱观的人，往往会拼命地追逐名利，最终铤而走险，走向贪污、腐败的道路。攫取这种不义之财，必然会遭受一定的报应。

一切功名利禄都不过是过眼烟云，得而失之、失而复得等情况都是经常发生的。意识到一切都可能因时空转换而发生变化，就能够把功名利禄看淡、看轻、看开些，做到"荣辱毁誉不上心"。

悬崖深谷处，撒手得重生

禅宗认为，一个人只有把一切受物理、环境影响的东西都放掉，万缘放下，才能够逍遥自在，万里行游而心中不留一念。在圣严法师看来，"必须放下"归因于因缘的聚散无常。

人的聚散离合，都是基于种种因缘关系，有因必有果，"因"既有内因，又有外因，还有不可抗拒的"无常"，事情的发展不会总是按照我们的主观想象进行，沟沟坎坎不可避免，大多数时候，万事如意只是一个美好的心愿罢了。

有个书生和未婚妻约好在某年某月某日结婚。但到了那一天，未婚妻却嫁给了别人，书生为此备受打击，一病不起。

这时，一位过路的僧人得知这个情况，就决定点化一下他。僧人来到他的床前，从怀中摸出一面镜子叫书生看。书生看到茫茫大海，一名遇害的女子一丝不挂地躺在海滩上。

路过一人，看了一眼，摇摇头走了。

又路过一人，将衣服脱下，给女尸盖上，走了。

再路过一人，过去，挖个坑，小心翼翼地把尸体埋了。

书生正疑惑间，画面切换。书生看到自己的未婚妻，洞房花烛，被她的丈夫掀起了盖头。书生不明就里，就问僧人。

僧人解释说："那具海滩上的女尸就是你未婚妻的前世。你是第二个路过的人，曾给过她一件衣服。她今生和你相恋，只为还你一个情。但她最终要报答一生一世的人，是最后那个把她掩埋的人，那个人就是她现在的丈夫。"

书生听后，豁然开朗，病也渐渐地好了。

书生之所以会病倒，是因为他不能承受这样的打击，也无法坦然地放下曾经的感情，但是前世的因造就今生的果，前世只有以衣遮身的恩情，今生也就只有短暂相恋的回报。书生放下了，也就解脱了，病自然就好了。

适时的放开不仅是治病的良药，有时甚至会成为救命的法宝。

过去有一个人出门办事，跋山涉水，好不辛苦。有一次经过险峻的悬崖，一不小心掉到了深谷里去。此人眼看生命危在旦夕，双手在空中攀抓，刚好抓住崖壁上枯树的老枝，总算保住了性命，但是人悬荡在半空中，上下不得，正在进退维谷、不知如何是好的时候，忽然看到慈悲的佛陀，站立在悬崖上慈祥地看着自己，此人如见救星般，赶快求佛陀说："佛陀！求求您慈悲，救我吧！"

"我救你可以，但是你要听我的话，我才能救你上来。"佛陀慈祥地说。

"佛陀！到了这种地步，我怎敢不听你的话呢？随你说什么，我全都听你的。"

"好吧！那么请你把攀住树枝的手放下！"

此人一听，心想，把手一放，势必掉到万丈深坑，跌得粉身碎骨，哪里还保得住性命？因此更加抓紧树枝不放，佛陀看到此人执迷不悟，只好离去。

悬崖深谷得重生看似一种悖论，实际上却蕴含着深刻的禅理。佛法中有言：悬崖撒手，自肯承担。"悬崖撒手"是一种姿态，美丽而轻盈。放手之后，心灵将获得一片自由飞翔的广袤天空，在瞬间释放与舒展。在英雄传奇与武侠故事中，我们常常看到这样的情景：集万千宠爱于一身的主角被逼到了悬崖边上，下面是湍急的流水，身后是凶悍的追兵，主角仰天一叹，回眸一笑，纵身一跃，与飞流激湍融为一体，令众人不由得扼腕叹息。但是，似乎所有的故事都没有摆脱这样的后续：崖壁上的一棵怪松，或崖下的一泓深潭，总会像母亲温暖的手掌一样，稳稳地将其托起，备受青睐的勇士们还往往能够在这常人到达不了的奇异之地意外发现千年宝藏或旷世秘籍。

这样的故事无意中契合了禅宗的某些观点，禅修者必须有所舍得，才能有所收获。圣严法师说唯有能放下，才能真提起。放得下的人，不仅要放下自己，还要放下周遭所有的一切。放下也并非完全失去自我，而是指不再存对抗心，也不再有舍不得，要随时随地对任何事物没有丝毫的牵挂或舍不得，能如此，才谈得上是自在，是解脱。

所谓回头是岸，岸貌似远在天涯。天涯远不远？不远。放下的时候，天涯就在面前。

提放自如，可得大自在

人生的境界有高有低，境界高者像一面镜子，时刻自我观照，不断自省，又像一支蜡烛，燃烧自己，泽被四方，更像一只皮箱，提放自如，得大自在。

世事变幻，风云莫测，缘起缘灭，众生在岁月的洪流中渐行渐远，一路鲜花烂漫鸟语虫鸣，也仍旧不能湮没斗转星移、沧海桑田的无常。承担与放下都非易事，都需要勇气与魄力，而做到提放自如，淡然处之，更非常人所能达到。

圣严法师将人分为三类：第一类，提不起、放不下；第二类，提得起、放不下；第三类，提得起、放得下。

第一类人占据了芸芸众生中的大多数，他们只懂享受，却从不承担，内心却又放不下对功名利禄的追求，像是寄居在苎麻茎秆上的菟丝子，攀附在其他植物之上，毫不费力地汲取着养分，却从不奉献什么；第二类人有担当，有责任心，而且往往目标明确，会一直凭借着自己的能力向上攀登，而一旦有所获得时，却舍不得放下，只会拖着越来越重的行囊，艰难上路；第三类人有理想、有魄力、有担当，而且心地坦然，头脑睿智，可攻可守，可进可退。

一天，山前来了两个陌生人，年长的仰头看看山，问路旁的一块石头："石头，这就是世上最高的山吗？""大概是的。"石头懒懒地答道。年长的没再说什么，就开始往上爬。年轻的对石头笑了笑，问："等我回来，你想要我给你带什么？"石头一愣，看着年轻人，说："如果你真的到了山顶，就把那一时刻你最不想要的东西给我，就行了。"年轻人很奇怪，但也没多问，就跟着年长的往上爬去。斗转星移，不知又过了多久，年轻人孤独地走下山来。

石头连忙问："你们到山顶了吗？"

"是的。"

"另一个人呢？"

"他，永远不会回来了。"

石头一惊，问："为什么？"

"唉，对于一个登山者来说，一生最大的愿望就是战胜世上最高的山峰，当他的愿望真的实现了，也就没了人生的目标，这就好比一匹好马折断了腿，活着与死了，已经没有什么区别了。"

"他……"

"他自山崖上跳下去了。"

"那你呢？"

"我本来也要一起跳下去，但我猛然想起答应过你，把我在山顶上最不想要的东西给你，看来，那就是我的生命。"

"那你就来陪我吧！"

年轻人在路旁搭了个草房，住了下来。人在山旁，日子过得虽然逍遥自在，却如白开水般没有味道。年轻人总爱默默地看着山，在纸上胡乱抹着。久而久之，纸上的线条渐渐清晰了，轮廓也明朗了。后来，年轻人成了一个画家，绘画界还宣称一颗耀眼的新星正在升起。接着，年轻人又开始写作，不久，他就以他清秀隽永的文章一举成名。

许多年过去了，昔日的年轻人已经成了老人，当他对着石头回想往事的时候，他觉得画画写作其实没有什么两样。最后，他明白了一个道理：其实，更高的山并不在人的身旁，而在人的心里，只有忘我才能超越。

故事中从山上跳下去的那位登山者就属于圣严法师所说的第二类人，他执着地追求着攀登上世界最高峰的荣誉，而一旦愿望实现，他却不能将之放下，再继续前行，所以他自认为只有绝路可寻；而那位年轻人之前也有过轻生的念头，但因为不能违背和石头的承诺，所以他才有机会了悟真正的禅机——世界上更高的山在人的心里。

收放之间，人们总能不断得到提升，只有放下名利世俗的牵绊，怀有朴质自然的初心，才能不为外物烦扰，真正懂得生命的意义。

得失常挂心，宠辱皆心惊

有一只木车轮因为被砍下了一角而伤心郁闷，它下决心要寻找一块合适的木片重新使自己完整起来，于是离开家开始了长途跋涉。

不完整的木车轮走得很慢，一路上，阳光柔和，它认识了各种美丽的花朵，并与草叶间的小虫攀谈。当然它也看到了许许多多的木片，但都不太合适。

终于有一天，车轮发现了一块大小形状都非常合适的木片，于是马上将自己修补得完好如初。可是欣喜若狂的轮子忽然发现，眼前的世界变了，自己跑得那么快，根本看不清花儿美丽的笑脸，也听不到小虫善意的鸣叫。

车轮停下来想了想，又把木片留在了路边，自个儿走了。

失去了一角，却饱览了世间的美景；得到想要的圆满，步履匆匆，却错失了怡然的心境，所以有时候失也是得，得就是失。

也许当生活有所缺陷时，我们才会深刻地感悟到生活的真实，这时候，失落反而成全了完整。

从上面故事中我们不难发现，尽善尽美未必是幸福生活的终点站，有时反而会成为快乐的终结点。得与失的界限，又如何准确地划定呢？当因为有所缺失而执着追求完美时，也许会适得其反，在强烈的得失心的笼罩下失去头上那一片晴朗的天空。

据说，因纽特人捕猎狼的办法世代相传，非常特别，也极有效。严冬季节，他们在锋利的刀刃上涂上一层新鲜的动物血，等血冻住后，他们再往上涂第二层血；再让血冻住，然后再涂……

就这样，很快刀刃就被冻血掩藏得严严实实了。

然后，因纽特人把血包裹住的尖刀反插在地上，刀把结实地扎在地上，刀尖朝上。当狼顺着血腥味找到这样的尖刀时，它们会兴奋地舔食刀上新鲜的冻血。融化的血液散发出强烈的气味，在血腥的刺激下，它们会越舔越快，越舔越用力，不知不觉所有的血被舔干净，锋利的刀刃暴露出来。

但此时，狼已经嗜血如狂，它们猛舔刀锋，在血腥味的诱惑下，根本感觉不到舌头被刀锋划开的疼痛。

在北极寒冷的夜晚里，狼完全不知道它舔食的其实是自己的鲜血。它只是变得更加贪婪，舌头抽动得更快，血流得也更多，直到最后精疲力竭地倒在雪地上。

生活中很多人都如故事中的狼，在欲望的旋涡中越陷越深，又像漂泊于海上不得不饮海水的人，越喝越渴。

可见，得与失的界限，永远也无法准确定位，自认为得到越多，可能失去也会越多。所以，与其把生命置于贪婪的悬崖峭壁边，不如随性一些，洒脱一些，不患得患失，做到宠辱不惊，保持一份难得的理智。

坦然地面对所有，享受人生的一切，得到未必幸福，失去也不一定痛苦。得到时要淡定，要克制；失去时要坚强，要理智。兜兜转转，寻寻觅觅，浮浮沉沉，似梦似真，一路行走一路歌唱。

像圣严法师所言："做一个虔诚的朝圣者，可以不拜佛不敬神，永远地感恩生活的赐予，便会获得最美好的祝福。"

有拿得起的勇气，更要有放得下的魄力

提放自如，并非一件简单的事情。提起需要承担责任的勇气，放下也需要斩断妄念的魄力。圣严法师说人生因果不可思议，因缘不可思议，所以当提即提，当放即放。我们应该将自己的心当作布袋和尚手中的口袋，既要提得起，也要放得下。

在唐代，有一位著名的禅僧布袋和尚。一天，有一位僧人想看看布袋和尚有何修为，问道："什么是佛祖西来意？"布袋和尚放下口袋，叉手站在那儿，一句话也没说。僧人又问："只这样，没别的了吗？"布袋和尚又布袋上肩，拔腿便走。那僧人看对方是个疯和尚，也就起身离去了。哪知刚走几步，却觉背上有人抚摸，僧人回头一看，正是布袋和尚。布袋和尚伸手对他说："给我一枚钱吧！"

布袋和尚放下口袋，是在警示我们要放下，随即又布袋上肩，是在教我们拿起。生活中，有时我们需要放下，有时需要拿起，而我们却常常该拿起时拿不起，该放下时放不下。放下时不执着于放下，自在；拿起时不执着于拿起，也是自在。不论是拿起与放下，都不起波澜，那才真自在。

有些人，总是提不起意志和毅力，却放不下成败；提不起信心，却放不下贪心。他们渴望成功的辉煌，惧怕失败的窘迫，却又不能为了成功而坚定意志，付出努力；他们热衷于享乐，渴望获得而不愿付出，一旦愿望落空，即会怨天尤人，怨恨心搁在心中，挥之不去。这样的人，度己不成，又不肯接受他人的教导，难堪大任。

布袋和尚口袋的提起、放下看上去一切自然，实际上也是有所选择的，就像是我们在修行过程中，什么应该提起，什么应该放下，都不是灵光一现就能确定的。在这个问题上，圣严法师为

我们做了引导。

首先，要把去恶行善的心提起，把争名逐利的心放下。名利的纠缠如毒蛇猛兽，只要贪心起，必定会招致厄运。古语云"嚼破虚名无滋味"，真正的智者应该孑然一身，不受虚名牵绊，也不为富贵诱惑。

其次，要把成己成人的心提起，把成败得失的心放下。成就自己的目的是为了成就别人，只有充实了自己，才能有足够的能力去帮助别人。在充实提高的过程中，失败是难免的，要能够在成功中积累经验，在失败中吸取教训，而并不只是沉醉在成功的快乐或者失败的痛苦中不能自拔。

最后，要把众人的幸福提起，把自我的成就放下。只有这样，才能时刻把世人的幸福挂在心上，而抛却自我的观念。

释迦牟尼成佛后，走在街上，遇见了一个愤怒的婆罗门。这个婆罗门对释迦牟尼有仇视的态度，他一直仇视佛教，已经到了疯狂的地步。他看到众生都这么尊敬释迦牟尼，心头更是难受，便生出一个毒计，想害死释迦牟尼。

他和众生一样，跟在释迦牟尼的身后，在释迦牟尼没有注意的时候，他蹑手蹑脚地走到释迦牟尼的背后，趁世尊讲佛法的时候，便抓了两大把沙子，向世尊的眼睛扔去。

终究应准了那句话：善有善报，恶有恶报。就在沙子扔出去的那一瞬间，突然来了一阵风向婆罗门吹来，沙子全部都吹到婆罗门的眼中，他疼痛不已，倒在地上。

他气急败坏地在地上翻滚，整个脸都涨得通红。

众生看到这一幕，都嘲笑他。面对这么多锐利的目光，那个狠毒的婆罗门不得不向世尊跪下。

这时，释迦牟尼平静而洪亮的声音响起："如果想玷污或是陷害善良的东西，最终会伤害了自己，众生切记！婆罗门，你也起来吧。"

婆罗门听后感慨万千，也终于大彻大悟。

觉悟之前的婆罗门，并没有清醒地认识到什么是应该在乎的，什么是应该放下的，所以才会被自己的心魔所困，以至误入歧途。释迦牟尼面对提放已经自如自在，所以才能够平静面对心怀不轨的婆罗门，并诚恳地教诲他，使婆罗门得以开悟。

要放下散乱的心，提起专注的心；放下专注的心，提起统一的心；放下统一的心，提起自在心。唯有这样，才能放松身心，提起正念，彻底放下，从头提起。

人生难有真圆满，输赢得失且笑看

在河的两岸，分别住着一个和尚与一个农夫。

和尚每天看着农夫日出而作、日落而息，生活看起来非常充实，令他相当羡慕。而农夫也在对岸，看见和尚每天都是无忧无虑地诵经、敲钟，生活十分轻松，令他非常向往。因此，在他们的心中产生了一个共同念头："真想到对岸去！换个新生活！"

有一天，他们碰巧见面了，两人商谈一番，并达成交换身份的协议，农夫变成和尚，而和尚则变成农夫。

当农夫来到和尚的生活环境后，这才发现，和尚的日子一点儿也不好过，那种敲钟、诵经的工作，看起来很悠闲，事实上却非常烦琐，每个步骤都不能遗漏。更重要的是，僧侣刻板单调的生活非常枯燥乏味，虽然悠闲，却让他觉得无所适从。于是，成为和尚的农夫，每天敲钟、诵经之余就坐在岸边，羡慕地看着在彼岸快乐工作的其他农夫。

至于做了农夫的和尚，重返尘世后，痛苦比农夫还要多，面对俗世的烦忧、辛劳与困惑，他非常怀念当和尚的日子。

因而他也和农夫一样，每天坐在岸边，羡慕地看着对岸步履缓慢的其他和尚，并静静地聆听彼岸传来的诵经声。

这时，在他们的心中，同时响起了另一个声音："回去吧！那里才是真正适合我的生活！"

其实，人生不需要太圆满，有个缺口让福气流向别人也是件很美的事。而面对这不圆满的人生最重要的是要有知足之心，能够笑看输赢得失。以下几个方面可助你达到这种境界：

（1）赞美孤独。笑看输赢的人总是能够给自己留出时间，享受独处的欢乐，整理往事、展望前程，想象未来的美好生活。内心贫乏的人，生性急躁，喜欢喧嚣和热闹，一刻也离不开从他人眼中找寻自己赖以生存的保障，独处将倍感寂寞，但自身环境却又窄得令人窒息。笑看输赢的人，独自承受个性滋润、修身养性。他享受宁静和孤寂，在反省中看见自身的不足。他把自己准备得很充分，再投入步调紧凑的生活中去。

（2）帮助他人而不求回报。笑看输赢的人发自真心帮助别人，不计较名利，因为他知道奉献能让自己的内心充满快乐，更加丰盈。

（3）笑看输赢。笑看输赢的人不计较得失，因为他相信相对于整体而言，损失的不过是小小的局部。他们不会耿耿于怀，不会老是对自己怨艾和指责。知道谁都有犯错的时候，他们勇于承认错误，并宽恕自己和他人，他们只是采取行动来挽回损失。满心喜悦地做着自己能力范围内的事。

（4）放弃"多多益善"的想法。人的欲望是无穷的，倘若不断追求物质上的"更多、更好"，那么精神上永远不会得到满足。

总之，懂得每个人的生命都有欠缺，笑看人生中的输赢得失，同时珍惜自己所拥有的一切，慢慢地，你会发现自己所拥有的其实很多。

凡事不可强求，顺其自然者成大器

北方的一个地方严重缺水，一户人家院子里有一个大缸，承接雨水，用来洗衣服。此刻，一个小女孩正在生着闷气，原来，是几个淘气的孩子把这缸水搅得浑浑浊浊的，而每当她闻声而来，那几个淘气包早就跑得无影无踪了，小女孩气得直跺脚。奶奶看她被几缸水弄得心神不宁，便安慰她道："你的心怎么比水缸里的水还容易混乱？那些恶作剧的孩子，你越在乎，他们就越高兴，如果不理他们，时间一长，他们就只会觉得自讨没趣。不要担心水，只要不去管它，它最后会变清的。"

听了奶奶的话，小女孩不再去理会那群调皮的孩子。他们果然很快就失去了兴趣，水，自然也就澄清了。

那群淘气的孩子就如同淘气的命运，总是时不时地给你捣点儿乱，被搅浑的水，则如同遭遇困境的人生，然而只要不过分在意，以平和的心态坦然应对，正如睿智的奶奶所开导的那样，顺其自然，自然会柳暗花明、水清见底。

迪士尼乐园建设时，迪士尼先生为园中道路的布局大伤脑筋，所有征集来的设计方案都不尽如人意。迪士尼先生终于无计可施，一气之下，他命人把空地都植上草坪后就开始营业了。几个星期过后，当迪士尼先生出国考察回来时，看到园中几条蜿蜒曲折的小径和所有游乐景点有机地结合在一起时，不觉大喜过望。他忙喊来负责此项工作的杰克，询问这个设计方案是出自哪位建筑大师的手笔。杰克听后哈哈笑道："哪来的大师呀，这些小径都是被游人踩出来的！"

过分追求，不得其道，顺其自然，反而浑然天成。生活中似乎有着一双无形的手，操控着世间的一切，而它就像是一个顽皮的孩子，你越是挖空心思去追求一种东西，它越是想方设法不让你得偿所愿，而当你放下心中的执念，听从命运的召唤，许多事情，自然将水到渠成。

生命是一种缘，是一种必然与偶然互为表里的机缘。许多事情无法为人事所全然掌控，正所谓谋事在人，成事在天，命运的机缘，充满着无限的奥妙。面对生活的困境和内心的烦恼，痴愚之人往往不能自拔，好像脑子里缠了一团毛线，越想越乱，陷在了自己挖的陷阱里；而明智之人则明白知足常乐的道理，他们会顺其自然，不去强求不属于自己的东西，静下心来，世间的一切烦恼与忧愁自然也就烟消云散了。

我们应当葆有一颗平常心，切切实实地把握住眼前的一切，实实在在、平平淡淡地去过有意义的生活。生命中的许多东西是不可以强求的，那些刻意强求的某些东西或许我们终生都得不到，而我们不曾期待的灿烂往往会在我们的淡泊从容中不期而至。太过在意一些东西，只能徒增烦恼，一切顺其自然，生活反而会十分惬意。因此，面对生活中的顺境与逆境，我们应当保持"随时""随性""随喜"的心境，顺其自然，以一种从容淡定的心态来面对人生，这样我们的生活就会有意想不到的收获，顺其自然者，当成大器。

随遇而安，尽心就是完美

人生百年，能够完全顺着自己的想法而来的事情不多，所以先人说"不如意之事十有八九"，我们一生中不可能永远都是一帆风顺。有些挫折、失败等不是个人力量所能左右的，而在这些不如意的事情已经发生后，唯一能使我们的心灵保持平静的方法就是保持一颗平常心，不急不躁、不对人发难，让自己"随遇而安"。正如林清玄所说："快乐活在当下，尽心就是完美。"

一天，一位中年人从农村搭运东西的车子回城里，车到中途，忽然抛锚，那时正是夏天，午后的天气闷热难当。在赤日炎炎的公路上无法前进，真是让人着急。可是，他当时一看情形，就知道急也没有用处，反正得慢慢等车子修好才可以走。于是，他问了问司机，知道要三四个小时才可以修好，就独自步行到附近的一条河里游泳去了。河边清静凉爽，风景宜人，在河水中畅游之后，暑气全消。等他游泳兴尽回来，车子已修好待发，趁着黄昏晚风，直驶城里。

经过这件事情后，他逢人便说："真是一次愉快的旅行！"随遇而安的妙处由此可见一斑。

假如换了别人，在这种情形之下，可能只好站在烈日之下，一面抱怨，一面着急，而那个车子也不会提早一分钟修好，那次旅行也一定是一次最痛苦、最烦恼的旅行。

在突然遭遇危难之时，随遇而安也能让人拥有一份平静的期待，这更胜过绝望的呐喊。

一条航行在南太平洋上的船，突然遭遇飓风。风如利刃，把船体劈得伤痕累累。飓风过后，船的功能差不多已损毁，它只能如一艘小艇般在茫茫无际的海洋中游荡。

船上的人在等了几天后见还没有救援的船来，开始变得慌乱、焦躁了，他们谩骂，他们哭喊，他们到处扔自己的东西，好像死亡即将来临。

这时，有一人对他们说，他近日拥有了一项特异功能：可以半年不吃任何东西而活着。所以他希望船员和乘客们把东西和写下的遗嘱交给他，他会带给他们的亲人。

这样的话语，居然没有人怀疑。所有的人都把希望寄托在那人身上，而他们因为没有了后顾之忧，变得冷静下来了，彼此倾诉着心事。

遇险的船终于被另一条船发现，船上人员得救了，因为最终那份随遇而安的冷静，他们避免了可能因疯狂而造成的船毁人亡。

陶渊明说："俯仰终宇宙，不乐复何如？"一个睿智之人是不会抱着忧虑而愁眉不展的。就像古人说的那样："世上本无事，庸人自扰之。"无论生活在什么环境下，聪明豁达之人都会用乐观平和的心态面对生活。

对于随遇而安，林清玄是这样说的：在人生里，我们只能随遇而安，来什么，品位什么，有时候是没有能力选择的。学会随遇而安，你能够轻松地挫败生活中许多看似不可战胜的困难。如果你不幸被生活中的黑暗偷袭，那就把它当作一次疾病好了。这，是面对生活最为强硬的方式。而且，也是现实生活中很多人所缺乏的。

每个人的能力各不相同，因此不是每个人都有反抗命运的能力。如果无力反抗，那么，就安然地接受命运的安排，放松心情，快乐地度过每一天。这种随遇而安的生活态度是获得幸福的关键。

时时勤拂拭，越过人性三重门

佛门中人要求戒色戒欲等，其中的这些"戒"就是人生旅途中的关隘。不同阶段有不同的关隘，人生最难过的是君子三戒：少年戒之在色，男女之间如果有过分的贪欲，很容易毁伤身体；壮年戒之在斗，这个斗不只是指打架，而指一切意气之争，如事业上的竞争，处处想打击别人，以求自己成事立业，这种心理是中年人的毛病；老年人戒之在得，年龄不到可能无法体会——曾经有许多人，年轻时仗义疏财，到了老年反而斤斤计较，钱放不下，事业更放不下，在对待很多事情上都是如此。

青年时代，最具吸引力的是异性，最令人神往的是爱情，最难以节制的是情欲。饮食男女，原本无可厚非，但一旦过分便会贻误终生。

到了壮年，名誉、地位、权力、财富，都匍匐在脚下，但又不是可以无限开采的资源，进退、得失、上下、去留，现实残酷地摆在每个人的面前。于是，争中有斗，斗中有争，争斗之中，用尽了心计，阴的、阳的、明的、暗的、文的、武的，君子的、小人的，三十六计、七十二招数……无所不用其极。斗争中的人生又何谈恬淡的乐趣？

及至老年，一切皆已定局，再发展已无能为力。这时，一个"得"字，害人匪浅。在乎已得，对待事业，就会无所用心，意志衰退，贪图享受，得过且过；对待官职，就会恋恋不舍，把玩不已，不肯让位。在乎未得，就会脸红心跳，孤注一掷，猛捞一把，贪得无厌。

三戒如同人生的三个关隘，闯过去，便是踏平坎坷成大道；闯不过，便是拿了一张不合格的人生答卷，轻则半生虚度，重则一生荒废，甚至坠入万劫不复的深渊。

有一座泥像立在路边，历经风吹雨打，它多么想找个地方避避风雨，然而它无法动弹，也无法呼喊，它太羡慕人类了，它觉得做一个人，可以无忧无虑、自由自在地到处奔跑。它决定抓住一切机会，向人类呼救。

有一天，智者圣约翰路过此地，泥像用它的神情向圣约翰发出呼救。"智者，请让我变成人吧！"圣约翰看了看泥像，微微笑了笑，然后衣袖一挥，泥像立刻变成了一个活生生的青年。"你要想变成人可以，但是你必须先跟我试走一下人生之路，假如你受不了人生的痛苦，我马上可以把你还原。"智者圣约翰说。

于是，青年跟智者圣约翰来到一个悬崖边。"现在，请你从此岩走向彼岩吧！"圣约翰长袖一拂，已经将青年推上了铁索桥。青年战战兢兢，踩着一个个大小不同的链环的边缘前行，然而一不小心，一下子跌进了一个链环之中，顿时，两腿悬空，胸部被链环卡得紧紧地，几乎透不过气来。

"啊！好痛苦呀！快救命呀！"青年挥动双臂大声呼救。"请君自救吧。在这条路上，能够救你的，只有你自己。"圣约翰在前方微笑着说。青年扭动身躯，奋力挣扎，好不容易才从这痛苦之环中挣扎出来。"你是什么链环，为何卡得我如此痛苦？"青年愤然道。"我是名利之环。"脚下铁链答道。

青年继续朝前走。忽然，隐约间，一个绝色美女朝青年嫣然一笑，然后飘然而去，不见踪影。青年稍一走神，脚下又一滑，又跌入一个环中，被链环死死卡住。可是四周一片寂静，没有一个人回应，没有一个人来救他。这时，圣约翰再次在前方出现，他微笑着缓缓道："在这条路上，没有人可以救你，只有你自己自救。"青年拼尽力气，总算从这个环中挣扎了出来，然而他已累得精疲力竭，便坐在两个链环间小憩。"刚才这是个什么痛苦之环呢？"青年想。"我是美色链环。"脚下的链环答道。

经过一阵休息后，青年顿觉神清气爽，心中充满幸福愉快的感觉，他为自己终于从链环中挣扎出来而庆幸。青年继续向前走，然而没想到他又接连掉进了欲望的链环、嫉妒的链环……待他从这一个个痛苦之中挣扎出来，青年已经完全疲惫不堪了。抬头望望，前面还有漫长的一段路，他再也没有勇气走下去。

"智者！我不想再走了，你还是带我回原来的地方吧！"青年呼唤着。智者圣约翰出现了，他长袖一挥，青年便回到了路边。"人生虽然有许多痛苦，但也有战胜痛苦之后的欢乐和轻松，你难道真愿意放弃人生么？""人生之路痛苦太多，欢乐和愉快太短暂、太少了，我决定放弃做人，还原为泥像。"青年毫不犹豫地说。智者圣约翰长袖一挥，青年又还原为一尊泥像。"我从此再也不受人世的痛苦了。"泥像想。然而不久，泥像被一场大雨冲成一堆烂泥。

人的一生需要迈过的门槛很多，稍不留神就会栽在其中一道坎上。不过对于绝大多数人，或许最重要的则是迈过金钱、权力与美色三道坎，就像孔子所说的"人生三戒"一样。

其实，无论处于什么阶段，这"三戒"的内容，都应当牢记在心，"时时勤拂拭，莫使惹尘埃"。以"礼"约束，用理性的缰绳去约束情感和欲望的野马，达到中和调适，便能顺利走过人生的几个关口。

生死如来去，重来去自在

面对生命，圣贤之辈没有觉得活很痛快，也没有认为死很痛苦，生死已不存在于心中。"生者寄也，死者归也。"活着是寄宿，死了是回家。明白了生死交替的道理，就懂得了生死。生命如同夜荷花，开放收拢，不过如此。

下面是一则关于庄子和骷髅的寓言故事。

庄子到楚国去，途中见到一个骷髅，枯骨突然呈现出原形。庄子用马鞭从侧旁敲了敲。于是问道："先生是贪求生命、失却真

27

理，因而成了这样呢，抑或你遇上了亡国的大事，遭受到刀斧的砍杀，因而成了这样？抑或有了不好的行为，担心给父母、妻儿子女留下耻辱、羞愧而死了呢？抑或你遭受寒冷与饥饿的灾祸而成了这样呢？抑或你享尽天年而死去成了这样呢？"

庄子说罢，拿过骷髅，用作枕头而睡去。

到了半夜，骷髅给庄子显梦说："你先前谈话的情况真像一个善于辩论的人。看你所说的那些话，全属于活人的拘累，人死了就没有上述的忧患了。你愿意听听人死后的有关情况和道理吗？"

庄子说："好。"

骷髅说："人一旦死了，在上没有国君的统治，在下没有官吏的管辖，也没有四季的操劳，从容安逸地把天地的长久看作是时令的流逝，即使南面为王的快乐，也不可能超过。"

庄子不相信，说："我让主管生命的神来恢复你的形体，为你重新长出骨肉肌肤，返回到你的父母、妻子儿女、左右邻里和朋友故交中去，你希望这样做吗？"

骷髅皱眉蹙额，深感忧虑地说："我怎么能抛弃南面称王的快乐而再次经历人世的劳苦呢？"

相传六祖慧能禅师弥留之际，众弟子痛哭，依依不舍，大家都将他视为再生父母。六祖气若游丝地说："你们不用伤心难过，我另有去处。"

"另有去处"四个字，发人深省。慧能把死当作了一段新的旅程，不但豁达、开朗，而且使生命在时间、空间的价值得以继续延伸，远胜过有些人虽然活着、却只有华美装饰的躯壳、而无真我的风采！

禅的哲学注重真我，所谓真我就是人的精神，也是天地之正气。真我从根本上来说，就是人之所本。人类的文化宝藏，哲学、科学、宗教、教育和任何思想情感，等等，其实都是由无数真我的延续、不断地累积而成的。这些真我，数千年迄今，其实都是活生生地影响着我们的生活，造福于人类，这些真我并没有死去。

禅宗有关超越生死的看法，很值得今天还看不透人生、想不通生活或对死亡心存畏惧的人参考借鉴。禅宗重来去自在，生死也有如来去。参透这一玄机，我们就不必天天再为生老病死而恐惧不安，或对于家庭亲朋甚至世间的虚华富贵有所舍不得，至少可以活得开心一点、快乐一些。

有生必有死，有得必有失，生死是人生必经的旅程，不要把死看作是个终结，也可以同慧能一样，走向"另一个去处"。

"一沙一世界，一叶一菩提"，生命的收与放，本质都是一样的。面对生死，悠然自得，便是真正懂得了生命。正如丘吉尔谈及死亡，他说："酒吧关门的时候我就离开。"

看透死亡，就会达到一种全新的人生高度，站在这个高度上俯瞰生命中的所有悲喜成败、烦恼纠葛，人心中会自然生出一种"会当凌绝顶，一览众山小"的感觉。凭借这种胸怀和气魄，做事又怎么会不成功呢？

第二章　大舍大得，有限退让换来无限空间

不同的选择，不同的人生

　　古代有一位智者，他以有先知能力而著称于世。有一天，两个年轻男子去找他。这两个人想愚弄这位智者。他们中的一个在右手里藏一只雏鸟，然后问这位智者："智慧的人啊，我的右手里有一只小鸟，请你告诉我这只鸟是死的还是活的？"如果这位智者说"鸟是活的"，那么拿着小鸟的人将手一握，把小鸟弄死；如果他说"鸟是死的"，那么那一个人只需把手松开，小鸟就会振翅而飞。两个人认为他们万无一失，因为他们觉得问题只有这两种答案。智者看着他们，然后微笑起来，回答说："我告诉你答案，我的朋友，这只鸟是死是活完全取决于你的手。"

　　人生也是如此，无论是取得好的结果还是不好的结果，完全在于我们自己的选择，选择哭泣，选择微笑，选择努力，选择懒惰，选择勤奋……都在于我们自己，有什么样的选择就决定了什么样的人生。

　　演说家马克·汉森在开始写作之前，经营的是建筑业，当他在建筑业经营彻底破产之后，果断地选择了放弃，选择了彻底退出建筑业，并忘记有关这一行的一切知识和经历，甚至包括他的老师——著名建筑师布克敏斯特·富勒。他决定去一个截然不同的领域创业。

他很快就发现自己对公众演说有独到的领悟和热情，而这是最容易赚钱的职业。一段时间后，他成为一个最富有感召力的一流演讲师。后来，他的著作《心灵鸡汤》和《心灵鸡汤Ⅱ》双双登上《纽约时报》的畅销书排行榜，并持续数月之久。

选择是一个痛苦的过程，因为选择而放弃，人总怕错过最好的，于是总难抉择。这就需要我们每个人用自己的智慧进行权衡，权衡什么是最重要的，权衡什么是最值得珍惜的，明白自己的人生方向在哪儿，之后，大胆地选择，选择了就不要因为失去的那些而后悔，因为有失才会有得。

人生其实就是一个选择的过程，你选择了什么，生活就给予你什么。

"舍"只是"得"的另一个名字

执着地对待生活，紧紧地把握生活，但又不能抓得过死，松不开手。人生这枚硬币，其反面正是那悖论的另一要旨：我们必须接受"失去"，学会放弃。

国王有5个女儿，这5位美丽的公主是国王的骄傲。她们那一头乌黑亮丽的长发远近皆知，所以国王送给她们每人10个漂亮的发夹。

有一天早上，大公主醒来，一如往常地用发夹整理她的秀发，却发现少了一个发夹，于是她偷偷地到二公主的房里，拿走了一个发夹。

当二公主发现自己少了一个发夹，便到三公主房里拿走一个发夹；三公主发现少了一个发夹，也如法炮制地拿走四公主的一个发夹；四公主只好拿走五公主的发夹。

于是，最小的公主的发夹只剩下9个。

隔天，邻国英俊的王子忽然来到皇宫，他对国王说："昨天我养的百灵鸟叼回一个发夹，我想这一定是属于公主们的，而这也真是一种奇妙的缘分，不知道百灵鸟叼回的是哪位公主的发夹？"

公主们听到了这件事，都在心里说：是我掉的，是我掉的。可是头上明明完整地别着10个发夹，所以都懊恼得很，却说不出口。

只有小公主走出来说："我掉了一个发夹。"话才说完，一头漂亮的长发因为少了一个发夹全部披散下来，王子不由得看呆了。

故事的结局，当然是——从此王子与公主一起过着幸福快乐的日子。

对善于享受简单和快乐的人来说，人生的心态只在于进退适时、取舍得当。因为生活本身即是一种悖论：一方面，它让我们依恋生活的馈赠；另一方面，又注定了我们对这些礼物最终的舍弃。

失去了这种东西，必然会在其他地方有所收获。关键是，要有乐观的心态，相信有失必有得。要舍得放弃，要正确对待失去，失去才能得到，有时舍弃不过是获得的另一个名称，失去也就是另一种获得。

生活有时会逼迫我们不得不交出权力，不得不放走机遇，甚至不得不抛下爱情。然而，舍得舍得，有舍才有得。所以，人生要学会放弃，并敢于放弃一些东西。

以退为进，绕指柔化百炼钢

想要喝到芳香醇郁的美酒就得放下手中的咖啡，想要领略大自然的秀美风光就要离开喧嚣热闹的都市，想要获得如阳光般明媚开朗的心情就要驱散昨日烦恼留下的阴霾。放下是为了包容与进步，放下个人好恶的执着才能包容，放下留恋往昔执着才会进步。表面看来，放下似乎意味着失去，意味着后退，其实在很多情况下，退步本身就是在前进，是一种低调的积蓄。

一位学僧斋饭之余无事可做，便在禅院里的石桌上作起画来。画中龙争虎斗，好不威风，只见龙在云端盘旋将下，虎踞山头作势欲扑。但学僧描来抹去几番修改，却仍是气势有余而动感不足。

正好无德禅师从外面回来，见到学僧执笔前思后想，最后还是举棋不定，几个弟子围在旁边指指点点，于是就走上前去观看。学僧看到无德禅师前来，于是就请禅师点评。

禅师看后说道："龙和虎外形不错，但其秉性表现不足。要知道，龙在攻击之前，头必向后退缩；虎要上前扑时，头必向下压低。龙头向后曲度愈大，就能冲得越快；虎头离地面越近，就能跳得越高。"

学僧听后非常佩服禅师的见解，于是说道："老师真是慧眼独具，我把龙头画得太靠前，虎头也抬得太高，怪不得总觉得动态不足。"

无德禅师借机开示："为人处世，亦如同参禅的道理。退却一步，才能冲得更远；谦卑反省，才会爬得更高。"

另外一位学僧有些不解，问道："老师！退步的人怎么可能向前？谦卑的人怎么可能爬得更高？"

无德禅师严肃地对他说："你们且听我的诗偈：手把青秧插满田，低头便见水中天；身心清净方为道，退步原来是向前。你们听懂了吗？"

学僧们听后，点头，似有所悟。

进是前，退亦是前，何处不是前？无德禅师以插秧为喻，向弟子们揭示了进退之间并没有本质的区别。做人应该像水一样，能屈能伸，既能在万丈崖壁上挥毫泼墨，好似银河落九天，又能在幽静山林中蜿蜒流淌，自在清泉石上流。

退，意在"半途而止"，而非半途而废

我们在遇到挫折或遭遇强敌时常常提及"三十六计，走为上策"的说法。"走"的本义是"跑"，引申为"逃跑"。逃跑何以是上策呢。

原来，"走为上"在《三十六计·败战计》中，意指形势不利，要避免与敌人决战，面前只有三条路可走：竖起白旗，"我服了你"——投降；眼见再斗下去并没有任何好处，"打平手算了"——讲和；投降是百分之百失败，讲和算百分之五十失败，还不如逃跑——逃跑可以保全实力，有从退中求胜的希望。逃跑比起投降、讲和，堪称"上策"。尤其值得提醒的是：退却是指半途而止，并不是半途而废，它包含着积极的内涵，而不是消极地夹着尾巴逃跑。为了把握好这一点，让我们再重温一下浪里白条张顺"退中求胜"智胜黑旋风的故事。

《水浒》第三十七回有"黑旋风斗浪里白条"的情节，十分精彩，描写李逵与戴宗、宋江三人在靠江琵琶亭酒馆饮酒，李逵到江边渔船抢鱼，趁着酒兴，闹将起来。书中写道：

正热闹里，只见一个人从小路里走出来，众人看见叫道："主人来了，这黑大汉在此抢鱼，都赶散了渔船。"

那人道："什么黑大汉，敢如此无礼？"众人把手指道："那厮兀自在岸边寻人厮打。"那人抢将过去，喝道："你这厮吃了豹子心、大虫胆，也敢来搅乱老爷的道路！"李逵看那人时，六尺五六身材，三十二三年纪，三缕掩口黑髯，头上裹顶青纱万字巾……手里提条秤。那人正来卖鱼，见了李逵在那里横七竖八打人，便把秤递与行贩接了，赶上前来大喝道："你这厮要打谁？"李逵不回话，抢过竹篙，却望那人便打，那人抢过去，早夺了竹篙，李逵便一把揪住那人头发，那人便奔他下三面，要跌李逵。

怎敌得李逵水牛般气力，直推将开去，不能够拢身，那人便望肋下擂得几拳，李逵那里看在眼里，那人又飞起脚来踢，被李逵直把头按将下去，提起铁锤般大小拳头，去那人脊梁上擂鼓也似打。那人怎生挣扎？李逵正打哩，一个人在背后劈腰抱住，一个人便来帮助手，喝道："使不得，使不得！"李逵回头看时，却是宋江、戴宗。李逵便放了手，那人略得脱身，一道烟走了。

戴宗埋怨李逵道："我教你休来讨鱼，又在这里和人厮打。倘或一拳打死了人，你不去偿命坐牢？"李逵应道："你怕我连累你，我自打死了一个，我自去承当。"宋江便道："兄弟休要论口，拿了布衫，且去吃酒。"李逵向那柳树根头，拾起布衫，搭在胳膊上。跟了宋江、戴宗便走。行不得数十步，只听得背后有人叫骂道："黑杀才今番要和你见个输赢。"李逵回头看时，便是那人脱得赤条条地，匾扎起一条水裤儿，露出一身雪练也似白肉⋯⋯在江边独自一个把竹篙撑着一只渔船赶将来，口里大骂道："千刀万剐的黑杀才，老爷怕你的，不算好汉！走的，不是好男子！"李逵听了大怒，吼了一声，撇了布衫，抢转身来，那人便把船略拢来，凑在岸边，一手把竹篙点定了船，口里大骂着。李逵也骂道："好汉便上岸来。"那人把竹篙去李逵腿上便搠，撩拨得李逵火起，托地跳在船上。

说时迟，那时快，那人只要诱得李逵上船，便把竹篙往岸边一点，双脚一蹬。李逵当时慌了手脚。那人更不叫骂，撇了竹篙，叫声："你来，今番和你定要见个输赢。"便把李逵胳膊拿住，口里说道："且不和你厮打，先教你吃些水。"两只脚把船只一晃，船底朝天，英雄落水，两个好汉扑通地都翻筋斗撞下江里去。宋江、戴宗急忙赶至岸边，那只船已翻在江里，两个只在岸上叫苦。

江岸边早拥上三五百人，在柳荫底下看，都道："这黑大汉今番却着道儿，便挣扎得性命，也吃了一肚皮水。"宋江、戴宗在岸边看时，只见江面开处，那人把李逵提将起来，又淹将下去，两个正在江心里面清波碧浪中间，一个显浑身黑肉，一个露遍体霜肤。两个打作一团，绞作一块，江岸上那三五百人没一个不喝彩。当时宋江、戴宗看见李逵被那人在水里揪扎，浸得眼白，又提起来，又按下去，老大吃亏，便叫戴宗央人去救。戴宗问众人道："这白大汉是谁？"有认得地说道："这个好汉，便是本处卖鱼主人，唤做张顺。"宋江听得，猛省道："莫不是绰号'浪里白条'的张顺？"众人道："正是，正是。"

"浪里白条"张顺，将"陆战"变成"水战"，在一退一进之间，创造战机，扬长避短，找到了战胜李逵的上策。号称"铁牛"的李逵毕竟不是水牛，灌饱江水，吃够了苦头。

此例无疑告诉我们，必须处理好退与进的关系：退，向对手让步，是避敌锋芒、摆脱劣势的手段，用退来赢得进的积极行动。可是一般人在谋划时喜进而厌退，认为退是怯弱的表现。殊不知退的软弱正可以用来麻痹对手，掩盖自己对进的准备和行动，其实在"软弱"中蕴藏着威力。古代哲学家老子提出"进道若退"，他力主以柔克刚，以退为进，这又岂是只知猛冲猛打的人所能理解的呢？

无论是战场还是商场，也无论是胜利后的退却还是失败后的退却，只要"退"仅只是手段，而不是最后目的，只要有利于整体目标的实现，"退"又何尝不是上策呢？大自然中的狼族，有许多的成功猎捕正是由"退中求胜"所换取的。

因此，退中求胜的积极意义可概括为：保存实力、重整旗鼓以及待机战胜。

大舍大得，小舍小得

中国雅虎前任总裁曾鸣曾说："一个臭的决策往往是很容易就决定了，而一个好的决策往往在一时之间难以取舍，这是因为你不知道它到底是对的还是错的。"

其实，一个领导者的决策过程就是舍与得的取舍过程。就像阿里巴巴有很多错误，但是它在取舍方面就有好与坏之分。马云为了使阿里巴巴成为世界上最好的电子商务平台，多年来一直"舍得"让新成立的业务处于亏损状态。

在 2007 年的年会上，马云指出阿里巴巴目前的主要任务是做大规模，而不是赚钱，尤其是对淘宝和支付宝而言。他让大家忘掉钱，忘掉赚钱，不要在意外界对阿里巴巴的负面评价。

很多人都很关注阿里巴巴的淘宝网收费的问题，马云的想法很简单，他认为淘宝如果要真正想赚钱，首先要考虑的是淘宝帮别人是否真正赚了钱。所以说，淘宝现在收费的时机还尚不成熟，因为它的市场还需要培育。比如像做一个例子，如果阿里巴巴在路上发现了很多的小金子，于是它就不断地捡起来，当它浑身装满了金子的时候它就会走不动，这样的话它就永远到不了金矿的山顶。另外，马云认为淘宝收费是需要有一点创新的，因为所有模仿的东西都不会超出预期值很多，就像 Google 能超出人们期望的高度就是因为它的创新，全球最大门户网站雅虎也是靠自己的创新最终大获成功的。

自从淘宝成立以来，它每年的交易额以 10 倍的速度迅速增长，仅 2007 年上半年的交易额就达到了 157 亿，网站注册会员超过 4000 万，在中国 C2C 市场中的份额几乎达到了 80%。面对这样卓越的成绩，淘宝却说："我们现在的规模连婴儿都不是。"他们认为只有当淘宝的交易额可以与传统的商业巨头，像国美、沃尔玛等相媲美时，淘宝才是真正面向个人用户电子商务的未来所在。

马云的这种舍弃小利益、为社会创造更高价值的理念，使得他把握住了互联网的命脉。同时，正是基于对电子商务的坚定信念，马云立志在不久的将来要把阿里巴巴做成世界十大网站之一，从而实现"只要是商人，就一定要用阿里巴巴"的目标。

生活中，掌握进退之道有诸多妙处。大舍大得，小舍小得，退往往只是为了换一个角度、换一个方向，或腾出一些空间。好比两车相逢，有时必须自己先退让，才有前进的可能，或是前进无路，只好后退另寻他途。正面对战已无取胜可能，而且将耗损自己实力时，可暂时后退，以保存实力补充战力这才是为人处世之道。

存心舍弃，会有加倍的获得

有取就有舍，而有舍才有得。我们往往只是看到了一个人舍去世俗的荣华富贵和荣誉地位，却忽略了他舍弃这些东西背后所得到的比这些东西更加珍贵的东西，那便是无穷的智慧和人生那种宁静而豁达的境界。其实人生就是一连串取舍的过程，有取就有舍，有舍才有得，而主动舍弃的人，却可能得到上苍加倍的馈赠。

第二次世界大战的硝烟刚刚散尽时，以美英法为首的战胜国首脑们几经磋商，决定在美国纽约成立一个协调处理世界事务的联合国。一切准备就绪后，大家才发现，这个全球至高无上、最权威的世界性组织，竟没有自己的立足之地。

买一块地皮，刚刚成立的联合国机构还身无分文。让世界各国筹资，牌子刚刚挂起，就要向世界各国搞经济摊派，负面影响太大。况且刚刚经历了二战的浩劫，各国政府都财库空虚，许多国家财政赤字居高不下，在寸土寸金的纽约筹资买下一块地皮，并不是一件容易的事情。联合国对此一筹莫展。

听到这一消息后，美国著名的家族财团洛克菲勒家族经商议，果断出资 870 万美元，在纽约买下一块地皮，将这块地皮无条件地赠予了这个刚刚挂牌的国际性组织——联合国。同时，洛克菲勒家族亦将毗连这块地皮的大面积地皮全部买下。

对洛克菲勒家族的这一出人意料之举，美国许多大财团都吃惊不已。870 万美元，对于战后经济萎靡的美国和全世界，都是一笔不小的数目，而洛克菲勒家族却将它拱手赠出，并且什么条件也没有。这条消息传出后，美国许多财团主和地产商都纷纷嘲笑说："这简直是蠢人之举！"并纷纷断言："这样经营不要十年，著名的洛克菲勒家族财团，便会沦落为著名的洛克菲勒家族贫民集团！"

但出人意料的是，联合国大楼刚刚建成完工，毗邻地价便立刻飙升起来，相当于捐赠款数十倍、近百倍的巨额财富源源不尽地涌进了洛克菲勒家族财团。这种结局，令那些曾经讥讽和嘲笑过洛克菲勒家族捐赠之举的财团和商人们目瞪口呆。

这是典型的"因舍而得"的例子。如果洛克菲勒家族没有做出"舍"的举动，勇于牺牲和放弃眼前的利益，就不可能有"得"的结果。放弃和得到永远是辩证统一的。然而，现实中许多人却执着于"得"，常常忘记了"舍"。殊不知，没有舍就没有得，凡是什么都想获得的人，最终会因为无尽的欲望，导致一无所获。

生活就是如此，如果你不可能什么都得到的时候，那么就应该学会舍弃，生活有时候会迫使你交出权力，不得不放走机会和恩惠。然而我们要知道，舍弃并不意味着失去，有时候，我们主动舍弃，反而会得到更多。

隐忍退让，放长线钓大鱼

《老子》第三十六章写道："将欲歙之，必固张之；将欲弱之，必固强之；将欲废之，必固兴之；将欲夺之，必固与之。"老子这句话体现出卓越的辩证思想。为了捉住敌人，事先要放纵敌人。这是一种放长线钓大鱼的计谋。一般来说，一时纵敌，百日之患。但是，在特殊情形之下，纵敌不仅无害，反而有益。

有时，"退一步是为了进两步"，处理问题既需要果断，也要善于忍耐，等待最适宜的时机。一代明君康熙除去鳌拜的故事，很好地说明了进退潜规则的好处。

根据祖宗的惯例，康熙满14岁那年举行了亲政大典。可是亲政后的康熙帝，仍然没有实权，鳌拜继续大权独揽。皇帝与权臣之间的矛盾，终于在如何对待苏克萨哈的问题上公开化了。

苏克萨哈是顺治皇帝临终时指定的四位顾命大臣之一，一向为鳌拜所妒忌。在一次朝会上，鳌拜对康熙大帝说："苏克萨哈心怀不轨，蓄意篡权，我已下令将他抓了起来。请皇上同意将苏克萨哈立即正法。"此时康熙尽管对鳌拜的做法不满，可自知实力太差，远不是鳌拜的对手，所以只好忍痛。鳌拜一回到家，马上传令绞杀苏克萨哈，同时诛杀了他的家人。

康熙气得两眼冒火，决心要除掉这个欺君擅权的鳌拜。康熙帝深知要除掉鳌拜绝非一件易事，弄不好，激起兵变，那么，他这皇帝的位子也就别想再坐了。经过一夜的冥思苦想，康熙帝最后定下了剪除鳌拜的计策。

第二天鳌拜上朝时，康熙帝不露声色，也不再提苏克萨哈的事情。鳌拜心里暗自得意，他哪里知道，这是康熙大帝高明的地方。没过几天，康熙帝给鳌拜晋爵位，又加封号，又给鳌拜的儿子加官晋爵，鳌拜心里美滋滋的。

康熙一面故作软弱无能，稳住鳌拜，一面挑选了十几个机灵的小太监，在宫内舞刀弄棒，练习角力摔跤。康熙帝自己也加入摔跤队伍与小太监们对阵取乐。消息传到宫外，大家认为只不过是小皇帝变着法子闹着玩罢了。

从表面上看，朝中大事一切照旧，鳌拜还是那样为所欲为，康熙对鳌拜还是那样信赖，鳌拜渐渐放松了戒备。练习拳棒和摔跤的小太监们，技艺逐渐纯熟。康熙见时机已到，决定向鳌拜下手。

一天，康熙派人通知鳌拜，说是有要事商量，请他立即进宫。鳌拜直奔宫中，康熙此时正和小太监们摔跤玩呢。鳌拜上前，正要与康熙打招呼，十几个小太监打打闹闹地挨近了鳌拜身边。说时迟，那时快，大家一拥而上，拉胳膊扯腿地将毫无防备的鳌拜翻倒在地。

鳌拜很快反应过来，感到大事不妙想要挣扎反抗时，十几个小太监已牢牢地将他制服在地，哪里肯让他脱身。他们拿来准备好的绳索，将鳌拜捆了个结结实实。

康熙正言厉色地对躺在地上动弹不得的鳌拜说："你欺凌幼主，图谋不轨，飞扬跋扈，滥杀无辜。今日下场是你罪有应得。你鳌拜罪行累累，罄竹难书，待我查清你的罪行，一定严惩，绝不宽待。"

　　鳌拜自知难逃一死。紧紧地闭着双眼，一句话也不说，只能像待宰的羔羊那样任人宰割！

　　人在逆境中，最需要的防身术是一个"忍"字，学会忍辱负重，藏而不露，才能在别人不知不觉中发展壮大，待时机成熟，你便可以马上脱颖而出。隐忍退让，就是为了放长线钓大鱼。

关键时刻懂得务实妥协

　　现实生活中，各种人际矛盾和竞争层出不穷，对于这些竞争有很多种解决方式，务实"妥协"是其中最有效的方式之一。

　　务实"妥协"是双方或多方在某种条件下达成的共识，在解决问题上，它不是最好的办法，但在没有更好的方法出现之前，它是最好的。

　　首先，它可以避免时间、精力等"资源"的继续投入。在"胜利"不可得，而"资源"消耗殆尽却日渐成为可能时，务实"妥协"可以立即停止消耗，使自己有喘息、整补的机会。也许你会认为，强者不需要妥协，因为他"资源"丰富，能够与你进行长时间的持久战。理论上是这样，可问题是，当弱者以飞蛾扑火之势咬住你时，你纵然得胜，也是损失不少的"惨胜"，所以在某些状况下强者也需要妥协。

　　其次，它可以借助妥协的和平时期来扭转对己不利的劣势。对方提出妥协，表示他有力不从心之处，他也需要喘息，说不定他要放弃这场与你的竞争；如果是你提出，若他愿意接受，并且同意你提出的条件，表示他也无心或无力继续这场"战争"，否则他是不大可能放弃胜利的果实的。因此，务实"妥协"可创造"和平"的时间和空间，而你便可以利用这段时间来促使矛盾关系的转化。

另外，它还可以维持自己最起码的"存在"。妥协常有附带条件，如果你是弱者，并且主动提出妥协，那么可能要付出相当的代价，但却换得了"存在"。"存在"是一切的根本，因为没有"存在"就没有未来。也许这种附带条件的妥协对你不公平，让你感到屈辱，但用屈辱换得存在，换得希望，这又何尝不可呢？

务实"妥协"有时候会被误解为屈服、软弱的"投降"行为，但从上面所提的几点来看，务实"妥协"其实是通权达变的处世智慧。凡是处世的智者，都懂得在恰当时机接受别人的妥协，或向别人提出妥协，毕竟人要生存，靠的是理性，不是一时的冲动。

当然，妥协时也必须做到因地制宜。

第一，要善于发现你的目标所在。也就是说，不必把资源浪费在无益的争斗上，能妥协就妥协，不能妥协，放弃争斗也无不可。若争的本就是大目标，那么绝不可轻易妥协。

第二，要看"妥协"的条件。要面子，但不必把对方弄得无路可退，这是有利害考虑的。

总之，务实"妥协"可改变现况，转危为安，是战术也是战略。

知止是一种人生智慧

对有智慧的人说智慧，用装糊涂来掩饰智慧，用智慧来停止智计，这是真正的智慧。

汉武帝晚年时，宫中发生了诬陷太子的冤案。当时，太子的孙子刚刚生下几个月，也遭株连被关在狱中。丙吉在参与审理此案时，心知太子蒙冤，他几次为此陈情，都被武帝呵斥。于是他在狱中挑选了一个女囚负责抚养皇曾孙，自己也对其多加照顾。丙吉的朋友生怕他为此遭祸，多次劝他不要惹火烧身，并且说："太子一案，是皇上钦定，我们避之尚且不及，你何苦对他的孙子优待有加？此事传扬出去，人们只怕会怀疑你是太子的同党了，这是聪明人干的事吗？"

　　丙吉脸现惨色，却坚定地说："做人不能处处讲究心机，不念仁德。皇曾孙只是个娃娃，他有什么罪？我这是看到不忍心才有的平常之举，纵使惹上祸患，我也顾不得了。"后来武帝生病卧床，听到传言说长安狱中有天子之气，于是下令将长安的罪囚一律处死。使臣连夜赶到皇曾孙所在的牢狱，丙吉却不放使臣进入，他气愤道："无辜者尚不致死，何况皇上的曾孙呢？我不会让你这样做的。"

　　使臣不料此节，后劝他道："这是皇上旨意，你抗旨不遵，岂不是自寻死路？你太愚蠢了。"丙吉誓死抗拒使臣，他决然说："我非无智之人，这样做只为保全皇上的名声和皇曾孙的性命。事急如此，我若稍有私心，大错就无法挽回了。"

　　使臣回报汉武帝，汉武帝长久无声，后长叹说："这也许是天意吧。"他没有追究丙吉的事，反而因此对处理戾太子事件有了不少悔意。他下诏大赦天下罪人，丙吉所管的犯人都得以幸存。多年之后皇曾孙刘询当了皇帝，是为宣帝。丙吉绝口不提先前他对宣帝的恩德。知晓此情的他的家人曾对他说："你对皇上有恩，若是当面告知皇上，你的官位必会升迁。这是别人做梦都想得到的好事，你怎么能闭口不说呢？"丙吉微微一笑，叹息说："身为臣子，本该如此，我有幸回报皇恩一二，若是以此买宠求荣，岂是君子所为？此等心思，我向来绝不虑之。"

　　后来宣帝从别人口中知晓丙吉的恩情，大为感动，夜不能寐，敬重之下，他封丙吉为博阳侯，食邑一千三百户。神爵三年，丙吉出任丞相。在任上，他崇尚宽大，性喜辞让，有人获罪或失职，只要不是大的过失，他只是让人休假了事，从不严办，有人责怪他纵容失察，他却回答说："查办属官，不该由我出面。若是三公只在此纠缠不休，亲力亲为，我认为是羞耻的事。何况容人乃大，一旦事事计较，动辄严办，也就有违大义了。"丙吉性情温和，从不显智耀能，不知情者以为他软弱好欺，并无真才实学，他也从不放在心上，也不会因此改变心意。

一次，丙吉在巡视途中见有人群殴，许多人死伤在地，丙吉问也不问，只顾前行。看见有牛伸舌粗喘，他竟上前仔细察看，很是关心。他的属官大惑不解，以为他不识大体，丙吉解释说："智慧不能乱用乱施，否则就无所谓智慧了。惩治狂徒，确保境内平安，那是地方长官之事，我又何必插手亲自管理？现在正是初春，牛口喘粗气，当为气节失调，如此百姓生计必定会受到伤害，这是关系天下安危的事，我怎能漠视不理？看似小事，其实是大事，身为宰相，只有抓住要领，才能不失其职。"丙吉的属官恍然大悟，深为叹服。那些误解丙吉的人更是自愧不已，暗自责备自己的浅薄和无知。

止的含义是有着深刻的内涵的。作为一种大智慧，它绝不是简单的停止无为。它是一招因时而变、出奇制胜的妙法，也是深合事理、退中求进的处世哲学。对于只知冒进、急功近利者，止的运用就尤显珍贵。纵观无数失败者的症结，他们所共缺的不是智慧，就能说明这一点。一个人只要到了能克制智慧，潜藏智慧，进而慎使智计的境界，他的智慧才是最无缺的，他才能在任何形势下应对自如，屹立不倒。

学学狐狸哲学：放弃一条腿，保全一条命

有时候人为了得到更多，而失去了不该失去的东西。想想我们现在的追求，是否也放弃了本来拥有的一切，偏偏去追求华而不实的东西？所以，我们都应当学会合理地放弃。

一只倒霉的狐狸被猎人套住了一条小腿，它毫不迟疑地咬断了那条小腿，然后逃命。放弃一条腿而保全生命，这是狐狸的哲学。人生亦应如此，在付出惨痛的代价以前，主动放弃局部利益而保全整体利益是最明智的选择。智者曰："两弊相衡取其轻，两利相权取其重。"趋利避害，这也正是选择与放弃的实质。

生活中，有时不好的境遇会不期而至，令我们猝不及防，这

时我们更要学会放弃。

迈克·莱恩是一名探险队员。1976 年，他随英国探险队成功登上珠穆朗玛峰。就在他们下山的时候，天开始下大雪，每行一步都极其艰难，最让他们害怕的是风雪根本就没有停下来的迹象。当整个探险队陷入迷茫的时候，迈克·莱恩率先丢弃所有的随身装备，只留下不多的食品，轻装前行。他的这一举动几乎遭到所有队员的反对，他们认为现在到山下最快也要 10 天时间，这就意味着这 10 天里不仅不能扎营休息，还可能因缺氧而使体温下降导致冻坏身体，那样，他们的生命就要受到威胁。

面对队友的顾忌，迈克·莱恩坚定地说："我们必须而且只能这样做，这样的雪山天气 10 天甚至半个月都有可能不会好转，再拖延下去路标也会被全部掩埋。丢掉重物，就不允许我们再有任何幻想和杂念，只要我们坚定信心，徒手而行就可以提高行走的速度，也许这样我们还有生的希望！"最后，队友们采纳了他的建议，大家一路互相鼓励，忍受疲劳、寒冷，不分昼夜，只用了 8 天时间就到达安全地带。恶劣的天气确实正像莱恩所预料的那样从未好转过。

这一年，伦敦英国国家军事博物馆负责人找到迈克·莱恩，请求他赠送给博物馆任何一件与英国探险队当年登上珠峰有关的物品，莱恩毫不犹豫地将他那次下山时因冻坏而被截下的 10 个脚趾和 5 个右手指尖交给了他。

正是由于莱恩当年一次正确的放弃，才挽救了所有队友的生命。也由于这个选择，他的登山装备无一保存下来，而冻坏的指尖和脚趾却在医院截掉后留在了身边。这是博物馆收到的最奇特而又最珍贵的赠品。

放弃与获取是一对矛盾的统一体。没有放弃就没有获取；得到的同时必然也会失去。很多聪明人明白这一道理，从不患得患失，更没有过多欲望，他们敢于放弃，所以无论干什么，都能取得成功。

学会选择，懂得放弃，是利益的权衡之道，而放弃则是智者面对生活的明智选择，只有懂得何时放弃的人才会事事如鱼得水。

人生短暂，与浩瀚的历史长河相比，世间一切恩恩怨怨、功名利禄皆为短暂的一瞬，"祸兮福所倚，福兮祸所伏。"得意与失意，在人的一生中只是短短的一瞬。"行至水穷处，坐看云起时。""古今多少事，都付笑谈中。"放弃是一种睿智，它可以放飞心灵，可以还原本性，使你真实地享受人生；放弃是一种选择，没有明智的放弃就没有辉煌的选择。进退从容，积极乐观，必然会迎来光辉的未来。放弃绝不是毫无主见，随波逐流，更不是知难而退，而是一种寻求主动、积极进取的人生态度。

只有"低人一等"，才能"高人一筹"

低调做人是一种高超的处世谋略，低调做人绝不意味着卑微，它是一种"以低求高"的强者韬略。生活中常常能见到一些貌似平淡无奇、"胸无大志"的人，最后却常常能够"一鸣惊人"，做出出人意料的成绩。这些人，在人生路上选择了低调，他们不张扬不卖弄，然而却是志怀高远、坚韧不拔，凭借着不懈的努力，最终迈入了人生的高标境界。

罗明是湖北一所大学的英语教师，在市场经济浪潮的推动下，他也决定开创一番属于自己的事业，于是他离开了自己得心应手的教育界，到另一个城市的一家俱乐部工作。俱乐部大多数为会员制，要想有所发展，必须要大力发展会员。而在俱乐部里，衡量一个人的工作业绩，主要是看他又发展了多少会员，以及售出了多少张会员卡。他的上司告诉他，你现在唯一需要做的就是一件事：售卡。

那段时间里，罗明对一切都感到生疏，初来乍到的也没有什么可以利用的关系。可想而知，他的处境该有多么窘迫！

他决定采取一个初入道者都采用过的笨办法：扫楼。"扫楼"

是业内人士的术语，即大大小小的公司都聚集在写字楼里，要一家一家地跑，一家一家地问，那种情形就跟扫楼差不多。当然，必须要找经理以上的高级管理人员，最好是总裁，普通的白领是难以接受价格不菲的会员卡的。

罗明的生活从此开始发生了180度的大转弯。他由一名荣耀至极的大学教师，一下子"跌落"成了一个"厚脸皮"的推销员。那是一种什么样的感觉？他心理上的落差感十分强烈。

有一个朋友问过罗明关于"扫楼"的事情。那个朋友阴阳怪气地问他："'扫楼'是不是很威风，一层一层，挨门逐户，就像鬼子进村扫荡一样的？"罗明听完这番话，内心真是酸甜苦辣什么滋味都有。

往事不堪回首，他至今还清楚地记得"扫楼"之初的那种狼狈和艰辛。

他曾经精确地统计过，他"扫楼"的最高纪录是一天内跑了10栋写字楼，"扫"了72家公司，浑身的感觉就像是散了架一样，腿和脚都不是自己的了，别说走路，再想挪动一下都困难。那天晚上，他坐电梯从楼上下来，在电梯间里，他感到自己的胃里正在一阵阵痉挛、抽搐、恶心，唯一的想法就是找个清静的地方大吐一场。而且他还要忍受人们的白眼和奚落，这对于从小到大都一直备受尊重的他来说，该是怎样一种伤害啊！

如果推销会员卡只有"扫楼"这一种方式，那么很少有人能够坚持下去，也很少有人能够成功。"扫楼"只是步入这个行业的初始阶段，秘诀还是有的。

大约半年后，罗明开始出现在俱乐部召开的各种招待酒会上。

出席这类酒会的人都是些事业有成、志得意满的成功人士。

置身于这样的环境中，罗明发现那些如同铁板一样的面孔不见了，那些刺痛人心的冷言冷语不见了，现在出现的可能是真正意义上的彬彬有礼。他感到一下子就放开了自己。他本来就该属于这里：他的涵养，他的才学，即使他曾经历过一段坎坷卑微的"奋斗史"，又怎能磨灭他所固有的价值与尊贵呢？

他知道他们需要什么，知道他们需要听从什么样的劝告。这是很重要的，因为他一下子就能拉近与他们之间的距离。他的语言，他的讲解，也不是那样干巴巴的，仿佛带有一种难以抗拒的鼓动力。他告诉他们，俱乐部将会给他们最为优质的服务，而购买价格昂贵的会员卡，那就是一种地位、身份和财富的象征。

在一次专为外国人举办的酒会上，似乎没有人比他更为游刃有余了。他会一口纯正、流利的英语，这让他一下子就与老外们打成了一片。他曾经一个下午同时向八个老外推销，结果竟然售出了九张会员卡，其中有一个人多买了一张，是送给他朋友的。每张会员卡 5 万美元，每售出一张会员卡，销售人员可以从中提取 10%的佣金——罗明一下午的收入就很容易推算了。

从那以后，罗明在几个俱乐部之间跳来跳去。到了 2004 年初，他终于在一家俱乐部安营扎寨。

罗明已经不用再去"扫楼"了，即使是参加招待酒会，他也不用怂恿别人去买会员卡了。他有良好的学历、良好的敬业精神和销售业绩，所以，他从销售员、销售经理、销售总监一直坐到了俱乐部副总裁的位置上。显然，如果没有当年的"低人一等"，哪里会有后来的"高人一筹"呢？

"低是高的铺垫，高是低的目标"，对于那些已经处在事业金字塔上的人，只要去研究他们的经历就会发现：他们并不是一开始就高人一等、风光十足的，他们也曾有过艰难曲折的"爬行"经历，然而他们却能够端正心态不妄自菲薄，不怨天尤人。他们能够忍受"低微卑贱"的经历，并在低微中养精蓄锐、奋发图强，尔后他们才攀上人生的巅峰，享受世人的尊崇。

不能舍，只好在泥里团团转

暴雨刚过，道路上一片泥泞。一个老太太到寺庙进香，一不小心跌进了泥坑，浑身沾满了黄泥，香火钱也掉进了泥里。她不起身，只是在泥里捞个不停。一位慈悲的富人刚好坐轿从此经过，看见了这个情景，想去扶她，又怕弄脏了自己身上的衣服，于是便让下人去把老太太从泥潭里扶出来，还送了一些香火钱给她。老太太十分感激，连忙道谢。

一个僧人看到老太太满身污泥，连忙避开，说道："佛门圣地，岂能玷污？还是把这一身污泥弄干净了再来吧！"

瑞新禅师看到了这一幕，径直走到老太太身边，扶她走进大殿，笑着对那个僧人说："旷大劫来无处所，若论生灭尽成非。肉身本是无常的飞灰，从无始来，向无始去，生灭都是空幻一场。"

僧人听他这样说便问道："周遍十方心，不在一切处。难道连成佛的心都不存在吗？"

瑞新禅师指指远处的富人，嘴角浮起一抹苦笑："不能舍、不能破，还在泥里转！"

那个僧人听了禅师的话，顿时感到无比惭愧，垂下了目光。

瑞新禅师回去便训示弟子们："金钱珠宝是驴屎马粪，亲身躬行才是真佛法。身躯都不能舍弃，还谈什么出家？"

心存取舍，则有邪见与妄行；凡成就大事之人，无不是心中存善念。像故事中的富人，舍不得一身皮囊，身价百万又如何？像故事里的僧人，舍不得自己的一身衣裳，以佛门清静地做借口，何来出家乃至成佛呢？

名利富贵这东西，生不带来，死不带去。所以对其执着不忘，实在不宜。

人生的高度应是一份知足的恬然，生命的高度应是能取能舍、当取则取、当舍则舍、善取善舍的那份安然。很多时候，人们向往去取得，并且认为多多益善，然而，"取"的前提必定是先"舍"，只有"舍"，才能"得"。

蚌舍弃安逸，才拥有了孕育珍珠的权利；种子放弃花朵，才拥有了孕育春天的资格。千古豪杰舍家为国，才垂青于史册；无数仁人志士舍生取义，才有了巍巍中华。取与舍在自然的荡涤中，展现并昭示了生命的高度，数千年的白驹过隙，无数次的金乌西坠，消磨掉了历史的棱角，打磨出中华文明不朽的生命之碑。

生命的高度是平凡人所远离，却又为世人崇敬的高度。哪怕至恶之人，也不免因"我辈不义之人而入有意之国"而遁去，尽管生命之碑前仅站着手无寸铁的荀巨伯……而今，就连博物学家在广游天下景观之时，都不禁称誉自然与人类取舍的异曲同工。

取，便是一培清澈的水，只那一培，便无须再希冀天上的银河；舍，就是一抖那背上的重负，只那一抖，便使你我得以仰望浩瀚的蓝天。但人生在这一取一舍之间，生命在无限地升华，并且拥有了自己的高度。

的确，取舍对于人生来说是至关重要的。鲁迅弃医从文，改变了他的一生，开始了他的文学创作，如果当初他不做出这样的取舍，他可能只是位医人治人的医生而已，成不了一代文豪。

成功的人之所以能成功，是因为他们明白该做什么，不该做什么；什么应该去坚持，而什么又该舍弃。

取舍之间，并非是一件容易的事情，应该是：得，要先舍；而舍，则终必得。而舍不舍得，以及怎样去"舍"，又怎样去"得"，就全看自己了。

第三章 进退有数，得失之间学会取舍

21 世纪的今天，选择比努力更重要

有一个非常勤奋的青年，很想在各个方面都比身边的人强。但经过多年的努力，仍然没有长进，他很苦恼，就去向智者请教。

智者叫来正在砍柴的 3 个弟子，嘱咐说："你们带这个施主到五里山，打一担自己认为最满意的柴。"年轻人和 3 个弟子沿着门前湍急的江水，直奔五里山。

等到他们返回时，智者正在原地迎接他们。年轻人满头大汗、气喘吁吁地扛着两捆柴，蹒跚而来；两个弟子一前一后，前面的弟子用扁担左右各担 4 捆柴，后面的弟子轻松地跟着。正在这时，从江面驶来一个木筏，载着小弟子和 8 捆柴，停在智者的面前。

年轻人和两个先到的弟子，你看看我，我看看你，沉默不语；唯独划木筏的小徒弟，与智者坦然相对。智者见状，问："怎么啦，你们对自己的表现不满意？""大师，让我们再砍一次吧！"那个年轻人请求说，"我一开始就砍了 6 捆，扛到半路，就扛不动了，扔了两捆；又走了一会儿，还是压得喘不过气，又扔掉两捆；最后，我就把这两捆扛回来了。可是，大师，我已经很努力了。"

"我和他恰恰相反，"那个大弟子说，"刚开始，我俩各砍两捆，将 4 捆柴一前一后挂在扁担上，跟着这个施主走。我和师弟轮换担柴，不但不觉得累，反倒觉得轻松了很多。最后，又把施主丢

弃的柴挑了回来。"

划木筏的小弟子接过话，说："我个子矮，力气小，别说两捆，就是一捆，这么远的路也挑不回来，所以，我选择走水路……"

智者用赞赏的目光看着弟子们，微微颔首，然后走到年轻人面前，拍着他的肩膀，语重心长地说："一个人要走自己的路，本身没有错，关键是怎样走；走自己的路，让别人说，也没有错，关键是走的路是否正确。年轻人，你要永远记住：选择比努力更重要。"

生活中有很多人都在从事着自己并不喜爱的职业，于是总会发出"我也很努力，但就是做不到最好"的感慨。有的人会指责说这话的人还是工作态度有问题，要真努力工作了，岂有做不好之理？其实归根结底并不是这些人不够爱岗敬业，而是职业本身并不是他们最适合的。换言之，要想真正把一项工作做得得心应手，就要选择正确的人生目标。那么，原来选错了怎么办？不要忧郁，放弃它，去把握属于你的正确方向。

一个人就是一条奔腾不息的河流，一路上你需要跨越生命中的重要障碍，才能有所突破、有所进步。在这个过程中，有一点很重要，就是要清楚你到底要的是什么。如果只是为了工作而工作，为了不闲着而去忙，那么，当你庸庸碌碌地走完半生，回忆起来会猛然觉得自己既对不起时间，也对不起自己。

人生的悲剧不是无法实现自己的目标，而是不知道自己的目标是什么。成功不在于你身在何处，而在于你朝着哪个方向走，能否坚持下去。没有正确的目标，就永远不会到达成功的彼岸。

有一位美国青年无意间发现了一份能将清水变成汽油的广告。

这位美国青年喜欢搞研究，满脑子都是稀奇古怪的想法，他渴望有一天成为举世瞩目的发明家，让全世界的人都享用他的发明创造。

所以，当他看到水变汽油的广告时，马上买来了资料，把自己关在屋子里，不接待任何客人，电话线掐断，手机关机，总之一切与外界的联系都被他切断了。他需要绝对的安静，需要绝对的专心，直到这项伟大的发明成功。

青年夜以继日地研究，达到了废寝忘食的程度。每次吃饭的时候，都是母亲从门缝里把饭塞进来，他不准母亲进来打扰他。他常常是两顿饭合成一顿吃，很多时候都把黑夜当作黎明。善良的母亲看见自己的儿子越来越瘦，终于忍不住了，趁儿子上厕所的时候，溜进他的卧室，看了他的研究资料。母亲还以为儿子的研究有多伟大，原来是研究水如何变成汽油，这简直是不可能的事情。

母亲不想眼睁睁地看着儿子陷入荒诞无法自拔的泥淖，于是劝儿子说："你要做的事情根本不符合自然规律，别再瞎忙了。"可这位青年压根儿就不听，他头一昂，回答说："只要坚持下去，我相信总会成功的。"

5年过去了，10年过去了，20年过去了……转眼间，那位青年已白发苍苍，父母死了，没有工作，他只能靠政府的救济勉强度日。可是他的内心却非常充实，屡败屡战。

一天，多年不见的好友来看他，无意间看到了他的研究计划，惊愕地说："原来是你！几十年前，我因为无聊贴了一份水变汽油的假广告。后来有一个人向我邮购所谓的资料，原来那个人就是你！"

他听完这一番话，立刻疯了，最后住进了精神病院。

因为有太多坚持到底的故事，所以我们一直以为坚持就是好的，而放弃就是消极的。其实坚持代表一种顽强的毅力，它就像不断给汽车提供前进动力的发动机。但是，在前进的同时还需要一定的技巧，如果方向不对，则只会越走越远，这时，只有先放弃，等找准方向再重新努力才是明智之举。这就是水变汽油的悲剧带给我们的启示。

每个人都有梦想，人类因梦想而伟大，没有梦想的人是会被社会淘汰的。为了实现自己的梦想，我们每个人都在努力。现在的社会努力很重要，但是努力就一定会有一个好结果吗？不见得，我们曾为工作绞尽脑汁，我们曾为工作夜以继日，但我们得到的结果是什么呢？我们的梦想像肥皂泡一样一个个地破灭，直到现在依然两手空空。

　　21世纪的今天，选择比努力更重要，昨天你选择播撒什么样的种子，今天你就会收获什么样的果实。选择不对，努力白费。今天，你做出正确的选择了吗？

对不道德之人，敬而远之

　　唐朝时，大将重臣郭子仪晚年退休后，在家忘情声色来排遣岁月。那时候，后来在唐史《奸臣传》中列名的宰相卢杞，还只是一个尚未成名的小角色。

　　有一天，卢杞前来拜访郭子仪。他正被家里所养的一班歌伎们包围着，得意地欣赏音乐。一听说卢杞来了，郭子仪马上命令所有女眷和歌伎，一律退到大会客厅的屏风后面去，一个也不准出来见客。

　　郭子仪单独和卢杞谈了很久，等到客人走了，家眷们奇怪地问他："您平日接见客人，都不避讳我们在场，谈谈笑笑，无所顾忌。为什么今天接见一个书生，却要如此慎重呢？"

　　郭子仪说："你们不知道，卢杞这个人，很有才干，但他心胸狭窄，睚眦必报。而且他的长相很难看，半边脸是青的，好像庙里的鬼怪一样。你们女人最爱笑，平时没事都要笑笑，如果看见卢杞的半边青脸，一定忍不住要笑。你们一笑，他就会记恨在心，一旦得志，你们和我的儿孙，就没有一个活得成了！"

　　不久，卢杞果然做了宰相。凡是过去那些看不起他或得罪了他的人，他一律给予杀人抄家的报复。唯有对郭子仪的全家却很宽厚，在卢杞看来，郭子仪对他一向都是颇为重视的，因而便大有感恩知遇的意思，即使郭家人稍稍有些不合法的事情，他也曲为保全。

郭子仪面对奸臣能够全身而退，正是抱着"宁得罪君子，不得罪小人"的态度。正所谓"明枪易躲，暗箭难防"，"君子坦荡荡，小人常戚戚"，君子们为人坦荡，不屑于钩心斗角，大可不必提防，而道德败坏之人则是专门琢磨人、陷害人的行家能手，他们能够在不经意间陷你于不义，或是将你推向万劫不复的深渊，可谓防不胜防。从古到今，都不乏道德败坏之人的存在，他们的造谣生事、挑拨离间、兴风作浪，惹人生厌，有些人对此不是敬而远之，而是抱着仇视的态度，甚至与其针锋相对，对面操戈，殊不知已经埋下了莫大的隐患。

面对不道德之人，大可不必同他们一般见识，所谓"三十六计走为上"，敬而远之，方是正确的处世之道。而老祖宗留下来的这句"宁得罪君子，不得罪小人"，则不啻是为人处世的至理名言。

宁可在尝试中失败，也不在保守中成功

蝶破茧而出的时候，会疼吗？

从笨拙的躯壳中挣扎着伸出细嫩的触角，翅膀因为粘满液体依旧合拢，几乎透明的足肢，支撑着颤抖的身体，微风吹过，它摇晃着几乎倒下。只有耐心等待。阳光的照耀使它慢慢变得轻盈，那薄而绚烂的翅翼上色彩一点点明媚起来。空气中的温度通过触角传遍全身，让它一分一秒的强壮起来。然后，你几乎听到一声轻轻的叹息，那是终于自由的释怀。一展翅，它起飞。

其实我们每个人，都有这化蝶的一刻，完成一次蜕变，让世界大吃一惊，而这种痛只有自己知道。

不过，有时候，因为怕疼，或因为嫌慢，我们在"蜕变"时开始尝试走捷径，比如来自外界的帮蝴蝶撕开茧的手，虽是出于好意，但却缩短了它的奋斗历程，删除了它蜕变过程中最重要的

一步，导致蝴蝶蜕变失败。

如果说蝴蝶自我蜕变是一种勇敢的尝试，是对生命的渴望和挑战，那么在外力帮助下的蝴蝶的蜕变则是一种保守的行为，不敢接受挑战，不敢自我超越，即使成功，也是一种假象，经不起碰触，被残酷现实刺穿以后，它就剩下老坏而愚钝的外壳。

从青涩的应届毕业生摇身变成央视的名主持，从远涉重洋的学子到纪录片的制作人，从凤凰卫视的名牌主持到阳光卫视的当家人，杨澜的身份角色一直在变化。

1994 年，杨澜获得了中国第一届主持人"金话筒奖"。也就是在这年，正当事业如日中天的她突然离开《正大综艺》，留学美国，震惊了很多喜爱她的观众。对于出走央视的原因，杨澜说："主持人这个行当有某种吃'青春饭'的特征，我不想走这样的一条道路。我相信，如果一个人不充实自己的话，前程将是短暂的。"

1997 年获得硕士学位回国后，杨澜加盟香港凤凰卫视中文台，开创了名人访谈类节目《杨澜工作室》，并担任制片人和主持人。那段时间，她主持的节目在世界华语观众中拥有广泛的知名度和美誉度。在凤凰卫视的两年里，杨澜拓宽了自己的职业视角，她不仅积累了各方面的经验和资本，也同时预留了未来的发展空间。

1999 年 10 月，杨澜突然宣布离开凤凰卫视中文台。这次的离开给人们留下了更大的想象空间，比上次巅峰之时离开《正大综艺》更让人们吃惊和关注。杨澜对此的解释是："离开凤凰的原因只有一个，在事业与家庭的选择中，我选择家庭。"

2000 年 3 月，在所有媒体没有意料到的时候，杨澜突然发布了和丈夫吴征收购良记集团并更名为阳光文化网络电视控股有限公司的消息。在新闻发布会上，她胸有成竹地提出了打造阳光文化传媒的计划，对于电视市场的未来前景作了精心的描述。杨澜到底是一个雄心勃勃的女人，就像一个追逐电视之梦永远不知疲倦和满足的蝴蝶。

2003 年，阳光卫视 70% 股权转让，杨澜宣告阳光卫视创办失败。但是杨澜并没有放弃传媒人士的角色，她和东方卫视、凤凰卫视、湖南卫视合作，主持《杨澜视线》《杨澜访谈录》《天下女人》等节目，并多次参与北京奥运会的重大活动。

在阳光卫视创办失败后，杨澜以更加成熟从容的姿态出现在公众的视野里。

杨澜说："这些年，有太多的遗憾。唯一对自己满意的，就是一直在追求改变。"宁可在尝试中失败，也不在保守中成功——杨澜的经历是这句话最好的正解。

在开放中尝试改变，即使失败也精彩。蝶变，就是一次次突破想象，包括自己的想象，然后去追寻更高更远更灿烂的天空。

在未来的社会，那种自我中心、自我封闭、自我满足、自以为是，以及自我设限的人，根本不可能适应社会，甚至连生存都会成问题。变，正是人生的魅力所在，而不变的，是心中超越自我的渴望。

作为很多人的"榜样"，杨澜的成功，带给我们一种启发："哦，原来人生可以如此美丽精彩！我为什么不试试呢？"

当别人都在努力向前时，不妨倒回去

艺术家说："学我者生，似我者死。"

文学家说："抄袭是埋葬一切才华的坟墓，创新是精品产生的源泉。"

经济学家说："逃离竞争残酷的红海，奔向空间无限的蓝海。"

做一条反向游泳的鱼，不走寻常路，才能看到别样风景；不走寻常路，是因为心系远方。

当你面对一个史无前例的问题，沿着某一固定方向思考而不得其解时，灵活地调整一下思维的方向，从不同角度展开思路，甚至把事情整个反过来想一下，那么就有可能反中求胜，摘得成功的果实。

宋神宗熙宁年间，越州（今浙江绍兴）闹蝗灾。只见蝗虫鸟云般飞来，遮天蔽日。所到之处，禾苗全无，树木无叶，一片肃杀景象。当然，这年的庄稼颗粒无收。

这时，素以多智、爱民著称的清官赵汴被任命为越州知州。赵汴一到任，首先面临的是救灾问题。越州不乏大户之家，他们有积年存粮。老百姓在青黄不接时，大都过着半饥半饱的日子，而一旦遭灾，便缺大半年的口粮。灾荒之年，粮食比金银还贵重，哪家不想存粮活命？一时间，越州米价腾贵。

面对此种情景，僚属们都沉不住气了，纷纷来找赵汴，求他拿出办法来。借此机会，赵汴召集僚属们来商议救灾对策。

大家议论纷纷，但有一条是肯定的，就是依照惯例，由官府出告示，压制米价，以救百姓之命。僚属们七言八语，说附近某州某县已经出告示压米价了，倘若还不行动，米价天天上涨，老百姓将不堪其苦，会起事造反的。

赵汴静听大家发言，沉吟良久，才不紧不慢地说："这次救灾，我想反其道而行之，不出告示压米价，而出告示宣布米价可自由上涨。"众僚属一听，都目瞪口呆，先是怀疑知州大人在开玩笑，而后看知州大人认真的样子，又怀疑这位大人是否吃错了药，在胡言乱语。赵汴见大家不理解，笑了笑，胸有成竹地说："就这么办。起草文告吧！"

官令如山，赵汴说怎么办就怎么办。不过，大家心里都直犯嘀咕：这次救灾肯定会失败，越州将饿殍遍野，越州百姓要遭殃了！这时，附近州县都纷纷贴出告示，严禁私增米价。若有违犯者，一经查出严惩不贷。揭发检举私增米价者，官府予以奖励。而越州则贴出不限米价的告示，于是，四面八方的米商闻讯而至。开始几天，米价确实增了不少，但买米者看到米上市的太多，都观望不买。过了几天，米价开始下跌，并且一天比一天跌得快。米商们想不卖再运回去，但一则运费太贵，增加成本，二则别处又限米价，于是只好忍痛降价出售。这样，越州的米价虽然比别的州县略高点，但百姓有钱可买到米。而别的州县米价虽然压下来了，但百姓排半天队，却很难买到米。所以，这次大灾，越州饿死的人最少，受到朝廷的嘉奖。

僚属们这才佩服了赵汴的计谋，纷纷请教其中原因。赵汴说："市场之常性，物多则贱，物少则贵。我们这样一反常态，告示米商们可随意加价，米商们都蜂拥而来。吃米的还是那么多人，米价怎能涨上去呢？"

逆向思维不迷信原有的传统观念和经典信条，对既定事物进行批判性的思考，体现的是一种叛逆精神。这种思维在一般人看来是不合情理甚至是荒谬的，但正是因为采取这种思维，思考者才得以摆脱传统观念和习惯势力的束缚，向着新的成果跃进，创造出新的观念和理论来，导致新旧理论的更替和生活面貌的改变。

逆向思维本身就是灵感的源泉。遇到问题，我们不妨多想一下，能否从反方向考虑一下解决的办法。反其道而行是人生的一种大智慧，当别人都在努力向前时，你不妨倒回去，做一条反向游泳的鱼，去寻找属于你的成功捷径。

要大智慧，不要小聪明

在工作中有的人喜欢投机取巧、要小聪明偷懒，明明可以做得更完善的事情却不去做，总认为差不多就行了；明明是自己的责任，却推卸给别人或设法掩盖。殊不知一个人的素质和能力往往体现在工作的细节上，自认为头脑机灵而沾沾自喜，却不知这会影响了自己的职业前程。

亚里士多德说："德可以分为两种：一种是智慧的德，另一种是行为的德，前者是从学习中得来的，后者是从实践中得来的。"想成功，唯有诚信、负责、创新、积极进取等大智慧可取。而敢于冒险走创新路，也是一种可贵的大智慧。

在奥斯维辛集中营，一个犹太人对他的儿子说："现在我们唯一的财富就是智慧，当别人说1加1等于2的时候，你应该想

59

到大于2。"纳粹在奥斯维辛毒死了几十万人，这父子俩却活了下来。

1946年，他们来到美国，在休斯敦做铜器生意。一天，父亲问儿子一磅铜的价格是多少，儿子答35美分。父亲说："对，整个得克萨斯州都知道每磅铜的价格是35美分，但作为犹太人的儿子，你应该说3.5美元——你试着把一磅铜做成门把手看看。"

父亲死后，儿子独自经营铜器店。他用铜做过铜鼓、做过瑞士钟表上的簧片、做过奥运会的奖牌。他曾把一磅铜卖到3500美元，这时他已是麦考尔公司的董事长。

然而，真正使他扬名的，是纽约州的一堆垃圾。

1974年，美国政府为清理给自由女神像翻新扔下的废料，向社会广泛招标。但好几个月过去了，没人应标。正在法国旅行的他听说后，立即飞往纽约，看过自由女神像下堆积如山的铜块、螺丝和木料，未提任何条件，当即就签了字。

纽约许多运输公司对他的这一举动暗自发笑。因为在纽约州，垃圾处理有严格规定，弄不好会受到环保组织的起诉。就在一些人要看这个犹太人的笑话时，他开始组织工人对废料进行分类。他让人把废铜熔化，铸成小自由女神像；他把木头等加工成底座；废铅、废铝做成纽约广场的钥匙。最后，他甚至把从自由女神像身上扫下的灰尘都包装起来，出售给花店。不到3个月的时间，他让这堆废料变成了350万美元，每磅铜的价格整整翻了1万倍。

这位犹太人以长远的眼光、智慧的头脑，一生受益无穷。其境界、谋略非小聪明可以比拟。

人生最忌讳的是要小聪明。让我们来看看小吴的求职经历：

小吴到一家外资公司应聘总经理助理职位。经过种种测验，他与另一位对手从几十名应聘者中胜出，准备接受总经理的最后面试。出乎意料的是总经理没有提出任何考问，便带领他俩去附近一家公司谈判签单。走出公司大门后，因距要去的公司仅有一站地路程，总经理提议乘坐公共汽车前往，并递给他们每人5角钱，叮嘱每人自己买自己的车票。当时的车票票价是4角，因缺少零钱，乘务员们几乎都已养成收取5角不找零的习惯，小吴交出5角后，心想，为1角钱开口显得太小气，丢面子，便没有向乘务员索要应找回的1角钱。可是他的竞争对手却没有默认，而是认真地开口向乘务员要求找零。乘务员轻蔑地看着小吴的对手，好一会儿地冷冷地递出1角钱，他一脸泰然地接过来。小吴看罢，心里还有一点幸灾乐祸，想对手的财迷和小气表现，老总一定不会满意他的。

没想到，到站下车后，总经理却对竞争对手说："你被聘用了。"小吴立即怔住了，总经理说："你们俩的材料我都仔细看过了，能力不分伯仲，才智不分上下，不过，在刚才买票问题上我看到了你们的差异。一个人只有懂得坚持自己的权益，才能够维护公司的利益，而一个连自身利益都不能坚持的人，又如何能够坚持公司的权益呢？"

小吴败在了自己的小聪明上。因面子等因素不坚持权益，总有一天，它会演变为不坚持原则，这对工作之弊显而易见。小聪明易被聪明误，小聪明得小利，大智慧得大益。有大智慧，才有大美丽、大人生。

善用大智慧的人，前途才会充满光明，而一种好的思维方式就是引导你走向成功的快捷之路。

切莫贪图小便宜，它总有一天会让你偿还

欧洲某些国家的公共交通系统的售票处大部分是自助的，也就是说你想到哪个地方可根据目的地自行买票。没有检票员，甚至连随机性的抽查都极少。据说逃票被抽检抓到的大约只有万分之三。

一位亚洲留学生发现了这个管理上的"漏洞"。他很乐意不用买票而坐车到处游玩，但在他4年的留学期间，他因逃票被抓

了两次。

后来他大学毕业，想在当地寻找工作。他知道许多跨国大公司都在积极地开发亚太市场，就向这些公司投了自己的求职资料，可都被拒绝了。一次次的失败，使他愤怒地认为这些公司有种族歧视倾向。终于有一天，他冲进了一家公司人力资源部经理的办公室："先生，我想问一下贵公司为何不录用我。据我所知，我有一位各方面能力都不如我的韩国同学已被你们录用。你们是不是歧视中国人？"

"先生，我们并没有歧视你，相反地，我们很重视你，因为我们公司一直在你们国家进行市场开发，我们需要一些优秀的本土人才来协助我们完成这个工作，所以你刚来求职的时候，我们对你的教育背景和能力很感兴趣。老实地说，你就是我们所要找的人。"经理回答。

"那为什么不录用我呢？"

"因为我们查了你的信用记录，我们发现你有两次乘公车逃票的记录。"

"我承认。但为了这点小事，你们就放弃了一个能为你们带来更大利益的人才？"

"小事？不，不！这位先生，我们并不认为这是小事。我们注意到了，第一次逃票你说自己还不熟悉自动售票系统，这有可能。但在之后，你又逃了票。这如何解释呢？"

"那时刚好我口袋中没零钱。"

"不，不！这位先生，我不同意这种解释。我相信你可能有数百次的逃票。对不起，我只是说可能。此事证明了几点：第一，你不仅不尊重规则，而且善于发现规则中的漏洞并恶意使用；第二，你不值得信任，而我们公司的许多工作的进行是必须依靠诚信来完成的，因为如果你负责了某个地区的市场开发，公司将赋予你许多职权，但为了节约成本，我们不会设置复杂的监督机构，正如我们的公共交通系统一样。因此我们没办法雇用你，而且我可以断定：在这个国家甚至在整个欧盟，可能没有公司会冒险来雇用你。"就这样，仅仅因为贪图了一些小便宜，这位留学生付出了惨痛的代价。

生活中，这样的例子可谓是屡见不鲜。我们中的许多人常常会像这位留学生一样，抱着侥幸的心理，以为贪图一些小便宜并无伤大雅，殊不知，即便是再小的便宜，终有一天，它会让你悉数偿还，甚至是加倍奉还。

贪图小便宜，就像顺手牵羊一样自然，尽管先辈们再三地叮嘱我们要做到"慎独"，要牢记"不以恶小而为之"，然而我们往往会禁不住心中的"撒旦"的诱惑，去贪图一些小便宜。在这些时候，我们往往会美滋滋地自以为占了便宜，殊不知其实是吃了大亏。微不足道的蝇头小利，使可贵的诚信受到了玷污，而失去诚信，不啻是失去了人性中最为重要的一种品质，其间厉害，不言自明。

长辈们常常会语重心长地告诉儿孙们"吃亏是福"，反之，贪小便宜，往往是吃了大亏。就像这位逃票的留学生，自以为占了大便宜，却不知，一切善恶皆有果，不是不报，时候未到，贪图的小便宜，总有一天，要加倍偿还。

换个思路，化解困境

我们可能无法改变生活中的一些东西，但是我们可以改变自己的思路。有时，只要我们放弃了盲目的执着，选择了理智的改变，就可以化腐朽为神奇了。

大凡高效能的成功人士，踏上成功之途总是从改变思路开始的。

成功往往就隐藏在别人没有注意的地方，假如你能发现它、抓住它、利用它，那么，你就会有机会获得成功。困境在善于拓展思路的智者眼中往往意味着一个潜在的机遇，愚者对此却无动于衷。

换一个思路处理问题，可能会看到完全不同的景象。也许正是一个不经意的角度转换，会让你在不经意间解决了问题，毕加索说："每个孩子都是艺术家，问题在于你长大成人之后是否能够继续保持艺术家的灵性。"

有个摄影师，每次拍集体照都有睁眼的，有闭眼的。闭眼的看见照片，非常生气："我90%以上的时间都睁着眼，你为什么偏让我照一幅没精打采的照片？这不是故意歪曲我的形象吗？"

就拍照而言，形象是头等大事，全靠修版也难，于是喊："一！二！三！"但坚持了半天以后，恰巧在"三"字上坚持不住了，上眼皮找下眼皮，又是做闭目状，真难办。

后来，摄影师换了一种思路，从而解决了这一难题。他请所有照相者全闭上眼，听他的口令，同样是喊"一，二，三"，在"三"字上一起睁眼，果然，照片冲洗出来一看，一个闭眼的也没有，全都显得神采奕奕，比本人平时更精神。

众人都非常高兴。

当遭遇困境时，一个思路行不通，就要果断地换另一种思路，只有这样，新的创意才会自然而然地产生出来，化解困境的方法也才会随之出炉。

当你遇到挫折的时候，你是否常常这样鼓励自己："坚持到底就是胜利。"有时候，这会陷入一种误区：一意孤行，一头撞南墙。因此，当你的努力迟迟得不到预期的业绩时，就要学会放弃，要学会改变一下思路。其实，细想一下，适时地放弃不也是人生的一种大智慧吗？改变一下方向又有什么难的呢？

改变一下思路，这是一个智慧的方法。"横看成岭侧成峰，远近高低各不同。"在浩渺无际的思维空间里，如果能从不同角度，用不同的视角观察和思考问题，学会用熟悉的眼光看陌生的事物，用陌生的眼光看熟悉的事物，就能从"山重水复"的迷境中走出来，欣赏到"柳暗花明"的美景。

俗话说："穷则变，变则通。"没有什么东西是永远静止不前的，世易时移，我们的思路也要跟着改变，才能赶上时代的潮流。当一条路走不通时，不要再一味"坚持"，而要变换思路，要改变陈旧的观念，打破世俗的牢笼。山不过来，我就过去，只有勇于改变思路，才能创新，才能让成功持久。

当力量薄弱时，只有背靠"大树"

在一个人的事业或者人生遭遇困境的时候，意气用事是不成熟的表现，只有能承受屈辱和苦难的人，才能真正笑到最后，成为真正的胜利者。从这个角度讲，"宁为瓦全"才是高策。

在此，讲一个关于刘勰的成名逸事。

刘勰是南朝梁时期的文学理论家，他很小的时候就失去了父亲，生活极为贫穷。但他笃志好学、博经通史，《文心雕龙》就是他的代表作。他生活的年代盛行门第制度，一个人出身的贵贱决定了这个人社会地位的高低。像刘勰这样出身低微的平民，自然默默无闻，无人知晓。因其社会地位，《文心雕龙》写成后也根本得不到重视。但刘勰本人十分自信，深知自己著作的价值，他不愿意看到自己用心血写成的书稿被湮没，便决心设法改变这种局面。

沈约是当时的文坛领袖，有着很高的声望，刘勰想请他评定写成的《文心雕龙》，借以赢得声誉。但是沈约身为名流，哪能轻易见到？于是刘勰想出了一个主意。他事先打听到沈约外出的时间，背上自己的书稿，装成卖书的小贩，早早地等在离沈府不远的路上。当沈约乘坐的马车经过时，刘勰便乘机兜售。沈约喜欢读书，当即停下来，顺手取出一部《文心雕龙》，见是自己没有读过的书，便随手翻阅起来。这一看，沈约被深深地吸引住了，当即买了一部带回家去，放在案头认真阅读。在以后上流社会举行的聚会中，沈约还不时地向别人推荐这本书。当时文坛的人见沈约对这本《文心雕龙》如此推崇，也注意到此书的价值，继而争相传阅，刘勰很快名声大噪。

如果没有借得沈约之力，刘勰是无法成名的，他的文艺思想也大有可能被湮没于浩瀚书海，何谈流传千古？

乍一看，这好像是和中国传统文化中"宁为玉碎，不为瓦全"的观念相冲突，细细思量，却不尽然。大丈夫要能屈能伸，当你的力量还很薄弱的时候，你只有背靠大树。以卵击石只能徒伤元气，还谈什么理想呢？

不要拿那些值得同情的事情开玩笑

当着别人面说那种伤人心灵的话，这是非常不礼貌的。

一天，几个同事在办公室聊天，其中有一位胡小姐前一天配了一副眼镜，于是拿出来让大家看看她戴眼镜好看不好看。大家不愿扫她的兴都说很不错。这件事使老常想起一个笑话，他就立刻说出来："有一个老小姐走进皮鞋店，试穿了好几双鞋子，当鞋店老板蹲下来替她量脚的尺寸时，这位老小姐——要知道她是近视眼，一看到店老板光秃秃的头，以为是她自己的膝盖露出来了，连忙用裙子将它盖住。'混蛋！'店老板叫道，'保险丝又断了！'"

接着是一片哄笑声，孰料事后竟从未见到胡小姐戴过眼镜，而且碰到老常再也不和他打一声招呼。

其中的原因不难明白。说者无心，听者有意，在老常来想不过是说起一则近视眼的笑话，然而，胡小姐则可能这样想："你取笑我戴眼镜不要紧，还影射我是个老小姐。我老吗？我才26岁！"

别人的伤疤是不能轻易触碰的，更不能拿来当作玩笑的谈资。笑你的同学考试不及格，笑你的朋友怕老婆，笑你的亲戚做生意因上了别人的当而亏了本，笑你的同伴在走路时跌了一跤……本来这些都是应该给以同情的，而你却拿来取笑别人，不仅使对方难堪，而且表现出你的冷酷无情。同样，不可拿别人生理上的缺陷来做开玩笑的题材，如对眼、瞎子、跛脚、驼背等，对于一个人的不幸，应该怜悯而不是取笑。诙谐而不伤人自尊的语句，能使人快乐，更会发人深省，这种智慧型的玩笑，是玩笑中最上乘的，在不伤害别人的同时，使大家开心。如果能诚心诚意地这样做，你一定可以获得更多人的信赖、更多人的钦佩，将会获得更多的朋友。

不拿别人的隐私开玩笑

玩笑是生活的调味品，适当地开个玩笑，不仅可以调节气氛，减轻疲劳，而且能缩短与朋友和同事之间的距离。一句玩笑话可以化干戈为玉帛，消除积怨，一句玩笑话也可以批评或拒绝某人的要求。

但是开玩笑时必须要注意尺度和分寸，尤其不要拿别人的隐私开玩笑。因为每个人都有隐私，而且也不允许别人触及自己的隐私。一旦有人喜欢拿别人的隐私开玩笑，那他必定是一个不受欢迎的人。

某人的妻子结婚两个月，就生了一个小孩，邻居们赶来祝贺。这人的一个要好的朋友杰克也来了。他拿来了自己的礼物——纸和铅笔，这人谢了杰克，并且问：

"尊敬的杰克先生，给这么小的孩子赠送纸和笔，不太早了吗？"

"不，"杰克说，"您的小孩儿太性急。本该9个月后才出生，可他偏偏两个月就出世了，再过5个月，他肯定会去上学，所以我才给准备了纸和笔。"

杰克的话刚说完，全场哄然大笑，令这对夫妇无地自容。

调侃他人的隐私是不礼貌的，上例中杰克明显道出了这位妻子未婚先孕的隐私，这样令大家都处于尴尬的局面。

心理学家研究表明：谁都不愿把自己的错误和隐私在公众面前"曝光"，一旦被人曝光，就会感到难堪而愤怒。因此，在与人交往谈话中，如果不是为了某种特殊需要，一般应尽量避免接触这些敏感区，免使对方当众出丑。必要时可采用委婉的话暗示对方，知趣的、会权衡的人须"点到即止"，一般是会顾全双方的脸面而悄悄收场的。当面揭短，让对方出了丑，说不定会使对方恼羞成怒，或者干脆耍赖，出现很难堪的局面。

找到最重要的事情，不要因小失大

生活中，我们应该找到最重要、最关键的事情，去做好它，而不是被纷繁芜杂的假象所蒙蔽，因小失大，酿成祸患。

有一个笑话，说的是一对馋嘴的夫妻一起分吃3个饼，你一个，我一个，最后还剩下一个，两人互不相让，于是决定从现在起谁都不说话，谁坚持的时间长，就能得到最后一个饼。

两人面对面坐下，果然都不开口。到了晚上，一个盗贼溜进屋里，看见夫妻俩，先是有点害怕，但看他们毫无反应，就放心大胆地搜罗起财物来。盗贼将家中稍微值钱点的东西一件一件地搬出门去，妻子心里虽然着急，看丈夫一动不动，便只好继续忍耐。盗贼有恃无恐，干脆连最后一个米缸也搬走了，妻子再也坐不住了，高声叫喊起来，并恼怒地对丈夫说："你怎么这样傻啊！为了一个饼，眼看着有贼也不理会。"

丈夫立刻高兴地跳了起来，拍着手笑道："啊，蠢货！你最先开口讲话，这个饼属于我了。"

在这个笑话中，这一对愚蠢的夫妇就是没有找到最重要的事情，因小失大，闹出了笑话。当两人打赌争饼时，遵守赌约，闭口无言是双方的主要问题，应着力解决。可是，当盗贼进屋盗窃财物时，如何联手赶走盗贼，保护家中财产，则成为新的主要问题，而此时赌饼约定已经不再重要。此时此刻，夫妇二人就应该抓住最主要的问题，齐心协力，抓住盗贼，保护财产。然而，夫妇二人因为牢记赌约，对盗贼不予理睬，而让盗贼有了可乘之机，将财物盗走，从而丧失了抓贼的大好时机，为了一只饼失去了全部财产。

古人常说："擒贼先擒王，射人先射马。"想问题、办事情，就是应该牢牢抓住最主要的问题，不能主次不分，因小失大。在实际工作中，我们也必须弄清当时当地客观存在的最重要的问题是什么，从而采取正确的解决方法，以收到事半功倍的效果。

英国前首相撒切尔夫人对抓住重点有深刻而简洁的见解。有人问她：在日理万机的情况下还能照顾好家庭，你的秘诀是什么？她回答：把要做的事情按轻重缓急一条一条列下来，积极行动，做好之后，再一条一条删除就成了！

真理是朴素的，也是容易被忽视的。加强计划，抓住重点，积极突破，带动一般，这就是各个领域普遍适用的重要方法，也是常被忽视的重要方法。

失信者失去的是人心

信用是一个人处世的资本，是社交场合的通行证，是获得成功的前提条件。失信的人不仅会失去朋友，也会失去成功的机会。

心理学家马斯洛在研究大量著名人物的基础上，总结出有成就者的健康个性特征，其中第一条就是讲信用。马斯洛还指出，一个人要走向成功或者培养健康个性有八条途径，其中就有两条与信用相关。因此，要想成就一番事业，必须讲信用，要想获得朋友，也需讲信用。就像一位哲人所言：讲信用的人走到哪里都受人尊重，受人欢迎。而不讲信用的人，则会受到众人的唾弃。

有一位商人要到邻国去经商，临行前便将他家中的财物托一位远房亲戚保管。

他的财物有钻石、珍珠以及一些金器，如金杯、金壶等。

"放心去办你的事吧！我一定会替你小心保管这些东西的。"他的远房亲戚对他说。

商人听了就安心上路了。

转眼间 3 年过去了，平安归来的商人回到家里后，就通知他的远房亲戚，希望能取回托他保管的财物。商人还想把从国外带回来的珍贵土特产送给这位远房亲戚作为谢礼。

但这位远房亲戚想："我已经帮他保管了 3 年。时间过了这么久，我可以跟他说我并没有替他保管东西。然后，找个秘密的地方把这些宝物藏起来，他就没办法了。"

第二天，这个起了贪念的远房亲戚在前往商人家的途中，遇到一个跛着脚、又瘦又小、留着长长的白胡子的老人。老人用锐利的眼光看着他。商人的远房亲戚正感到疑惑时，老人说："我是诺言之神，我专门找那些不遵守诺言的人，把他们带到高山上，从悬崖上推下去，以示惩罚。"

商人的远房亲戚客人听了老人的话后，脸色马上变了。他战战兢兢地问道："那你是不是常常在这里走动呢？"

"不，我经常要到不同的地方，去巡视人们是否遵守诺言，大约 20 年后才回来。"诺言之神说。

商人的远房亲戚听到这个回答，心里想："好极了，诺言之神离开这里之后，20 年之内不会再来。"于是，商人的远房亲戚决定迟延一天，等诺言之神走了再到商人家去。

第二天，这个远房亲戚到了商人的家里，他对商人说："我并没有替你保管什么东西啊！"

商人没想到他的远房亲戚竟然如此背信弃义，伤心地流着眼泪说："请你不要这样！我在 3 年前请你替我保管许多财物……求求你，还给我吧！"

可是这位远房亲戚根本就不承认，冷冷地说："我说没有就是没有，我没有替你保管东西，叫我怎么还给你呢？"然后掉头就走。

第二天一大早，商人的远房亲戚在睡梦中听到有人敲门，就揉着惺忪的睡眼去开门，发现站在门外的竟是诺言之神。诺言之神伸出细长的双手，掐住他的脖子，把他拉到门外。

"出来！你这个不遵守诺言的家伙！现在，我要带你到高山上，把你从悬崖上推下去。"诺言之神怒目圆睁，瞪着他大声骂着。

商人的远房亲戚害怕得全身战栗着说："请原谅我！诺言之神。可是，你不是说20年后才回来吗？为什么不到一天的时间，你又回到这里来惩罚我呢？"

诺言之神说："你好好听着，如果人们没有做违背诺言的事，我是要等20年后才回来。可是当你做出我最厌恶的不守诺言的事时，我就随时会出现。"

诺言之神说完，就硬拉着他往山上走去。

《没有信誉就没有一切》这篇文章中说："一个成熟的社会，一个有力量的社会，不但要考虑每一个人，而且还要为他们建立必要的档案，这并不是要建立黑档案，而是能够向有关方面证实你的可信度。"

我们可以设想一下，假如已经建立了这样的档案，只有讲信用的人银行才会贷款，商人才敢和你做生意，公司才会聘用你，他人才敢和你交朋友。没有信用，在社会上就难以立足。

要记住文学家爱默生的一句话："坚守信用是成功的最大关键。"

不拒绝，可能更伤感情

有时候我们为了热情、乐于助人、讲义气等美名，就不愿拒绝别人的要求，结果做到了还好，做不到的又要拼命努力去做，有时甚至不惜撒谎和欺骗，最后把自己弄得疲惫不堪。所以说，不拒绝别人的要求，永远说"没问题"，并不会让你快乐，反而会给你的生活带来不必要的压力和负担，到头来因为不能实现自己诺言，反而更伤了彼此之间的和气。

经常对别人做出承诺，我们会觉得有太多事要做而无法休息，若拒绝别人的请求，又会产生内疚感，所以我们总是处于进退维谷的状态。

因此，一定要告诉自己：减少对别人的承诺，不论是对朋友还是对家人。如果别人的邀请对你来说是没有吸引力甚至无聊乏味、浪费时间的，你应该学会断然而礼貌地拒绝。

卡耐基在《人际交往艺术》一书中告诉我们："你可以用一些言辞上的技巧，来减少你的承诺，让你可以拥有自己的时间。"因此，你不妨在言辞上多下功夫，试试看，一定会有效果。

哈里是一位成功的部门经理，他为人随和并且乐于助人，这让他赢得了极好的人缘，但同时也给他的生活带来了不少的麻烦。哈里为人热情，但他有一个缺点，就是他处理社交问题很不果断。如果有人向他发出邀请，即使他不愿意去，也很难拒绝。

他打扮整齐，又要奔向另一个乏味的聚会，而不能留在家里看自己喜欢的片子，他总会无奈地想到自己竟不能掌握自己的生活。有一次收到邀请的时候，他正在和孩子一块儿读卡通书。那个晚上他很不想离开家，可是坚决地予以回绝又好像不太礼貌，于是他撒了个小谎，说身体不太舒服，想留在家里休息。这样，他为自己赢得了一个轻松安静的晚上。

这让哈里学会了如何有效拒绝他人的方法。他把可以作为拒绝邀请的理由写在纸上，列成清单放在电话机旁边，在接到那些他不喜欢的邀请的时候，他就随时会有一些合理的理由，委婉地回绝。虽然这样导致了他社交面的减少，但是他丝毫没有为此感到遗憾。学会说"不"解放了哈里的时间和生活，现在他有更多的时间去做自己喜欢做的事，他的生活变得简单、轻松、充满乐趣。

生活中，有些人碍于面子不肯拒绝他人，最终吃亏和难受的还是自己。其实，如果做到实事求是、量力而行，懂得在适当的时候说出"不"字，就不会将自己搞得那么累。如果想像哈里一样，婉拒那些恼人的应酬，巧妙地拒绝别人，不妨试试以下的方法：

不好正面拒绝时，可以采取迂回的战术，转移话题也好，另有理由也好，主要是善于利用语气的转折——绝不会答应，但也不至于撕破脸。比如，先向对方表示同情，或给予赞美，然后再提出理由，加以拒绝。由于先前对方在心理上已因为你的同情而对你产生好感，所以对于你的拒绝也能以"可以谅解"的态度接受。

幽默也是一种好的方法。一次，钱锺书在电话里对想拜访他的英国女士说："假如你吃了个鸡蛋觉得不错，又何必认识那只下蛋的母鸡呢？"用下蛋的母鸡比喻自己，不但巧妙生动，而且表现了钱老的和蔼可亲，幽默风趣地拒绝了拜访。

也可以通过敷衍的方法。一次，庄子向监河侯借贷，监河侯敷衍他，说道："好！再过一段时间，等我去收租，收齐了，就借你三百两金子。"这话有几层意思：一是我目前没有，现在不能借给你；二是我也不是富人；三是过一段时间不是确指，到时借不借再说。庄子听后已经很明白了，但他不会怨恨什么，因为监河侯并没有说不借给他。

总之，在生活中，当我们没有能力或者根本不想接受别人的意见时，就要学会巧妙地拒绝别人，否则累了自己，别人也不高兴。

让人一步需有高人一筹的智慧

进退有度，是人际交往中最难领会的部分之一。如何做到该进时长驱直入，该退时让人一步，就需要高人一筹的智慧。

战国时，有一次赵王派了孔青带领大军救援禀丘。孔青是员猛将，加上足智多谋的宁越辅佐，所以赵军大败齐军，击毙了齐军统帅，并俘获战车两千辆。战场上留下了三万具齐军尸体，孔青决定把这些尸体封土堆成两个大高丘，以此彰明赵国的武功。

宁越劝阻道："这样做太可惜了，那些尸体可以另有用处。我看不如把尸体还给齐国人。这样做可以从内部打击齐国，从而让齐军不再侵犯！""死人又不可能复活，怎么能从内部打击齐国呢？"孔青想不通了。宁越说："战车和铠甲在战争中丧失殆尽，府库里的钱财在安葬战死者时用光了，这就叫作从内部打击他们。我听说，古代善于用兵的人，该坚守时就坚守，该进退时就进退。我军不如后退三十里，给齐国人一个收尸的机会。"

孔青大致明白了宁越的用意，但转念一想，又说："但是，齐国人如果不来收尸的话，那又该怎么办呢？"

"那就更好了，"宁越胸有成竹地说，"作战不能取胜，这是他们的第一条罪状；率领士兵出国作战而不能使之归来，这是他们的第二条罪状；能给他们尸体却不收取，这是他们的第三条罪状。老百姓将会因为这三条罪状而怨恨齐国的高级将领。居于高位的人也就无法役使下面的人，而下面的人又不愿侍奉居于上位的人，这就叫作双重打击齐国！""好，还是您技高一筹啊！"孔青终于完全理解了宁越的良苦用心。果然不出宁越所料，齐国因此元气大伤，很长一段时间不能对外用兵。

宁越的主张看起来好像并不是那么咄咄逼人，相反，似乎还有点软弱，是在向齐国让步。殊不知，这"让步"里面却大有文章，表面上的退步其实换取的是更大的进步。有进有退，能屈能伸，不执着于无利的方面，这是成功的必要条件。那种一往无前、有进无退的人，表面上英勇，实则是成事不足、败事有余。

想要给出有力的一拳，首先就要缩回拳头，来增加打出去的力量，那些杰出的人物往往更加懂得这个道理，他们不会执着于一时的意气用事。退有时是为了更好地进，特别是当我们的力量还处在弱势的地位时，更应该多一些隐忍，等待机会成熟之时再大显身手，从而达到极佳的效果。

不揽自己没能力或办不好的事

量力而为，在适当的时候为自己留有余地，对那些心有余而力不足或棘手的事情说"不"。在交际中你必须知道：当亲友或上司委托你做某事时，请你一定不要不假思索地满口应承，而是能推就推。就算感到磨不开面子，至少也要冷静1分钟，在大脑中转一个圈子，考虑这件事自己能不能办得到、办得好。把自己的能力与事情的难易程度以及客观条件结合起来统筹考虑，然后再做决定。

如果为了一时的情面接受自己根本无法做到或不愿做的事情，一旦失败了，同事、亲友、上司就不会考虑到你当初的热忱，只会以这次失败的结果来评价你。

某教师分配到某中学工作，市教委向该校抽人，对全市的中学实地考察，并写出调查报告。因这位教师还没有安排授课，就抽了他一个。起初，他感觉为难，认为自己刚刚走出校门，不仅对本市教学情况不熟悉，就是对教育工作本身，也知之甚少。他本不想参加，无奈校长已经开口，想要推掉实在不好拒绝，只好勉强服从。

一个半月过去了，别人都按分工交了调查报告，唯有他一个，由于不谙世故，又缺乏经验，对自己分工调查的三个中学连情况都没摸准，更不用说分析了。市教委主任为此很恼火，责备校长，怎么推荐这么一个人。这位教师面子受不了，又是气又是羞愧，一下子病倒了，在床上躺了两个星期。

这位教师由于当初不好意思拒绝，或者害怕因拒绝会引起上司不高兴而接受下来，由此，他的处境我们可以想象。所以，无论做什么，都要量体裁衣，遇到自己感到难以做到的事，要鼓起勇气，说声："对不起，我实在无能为力，您是否可以另找别人。"或者"实在抱歉，我水平有限，只能让您失望了。我想，如果我硬撑着答应，将来误了事，那才对不起您呢。"否则，将来丢脸的人肯定是自己。

但是在这个世界上，我们毕竟不可能独来独往。做自己的事情时，有时要涉及别人的利益。因此，我们在人际交往的过程中，必须全盘衡量，把握分寸，协调好各方面的利害关系。有些事情，不该做时就不能做，一旦做了，可能就违法、违情、违理，使自己或别人遭受名誉、经济或地位的损害。当有人托你办风险很大的事时，绝不能贪图一时之利，而不负责地随便答应对方，一定要慎重考虑那些可能引起的后果。

另外，有人请你代其完成工作时，如你的同事把自己分内的工作往你身上推，此类情况，都应巧妙拒绝。因为，形形色色的人在社会舞台上都扮演了不同的角色，每一个人都有自己的责任和义务。既然承担了某种社会责任或契约，就应该践约。的确，拒绝别人的要求是件不容易的事。而当别人央求你，你又不得不拒绝的话，更是叫人头痛的，因为每个人都有自尊心，都希望得到别人的重视，同时也不希望别人不愉快，因而，也就难以说出拒绝的话了。

不过，当你经过深思熟虑，知道答应对方的要求将会给彼此带来伤害时，那么，就应该拒绝，千万不要为了面子问题，做出违心的事来，结果对双方都无好处。

第四章　先舍后得，智慧做人灵活处世

似予实取，不争反而能为先

先贤庄子行走于山中，看见一棵被奉为社神的大树，这棵树大到可以隐蔽几千头牛，树干有数百尺粗。树梢有山头那么高，树干几丈以上才分生枝权，很多枝权都可以做成小船。伐木的人站在树旁却不去动手砍伐。问他们是什么原因，伐木人不屑一顾地说："那是没有用的散木。用它做船会沉，做棺材会很快腐烂，做器具就会毁坏，做门窗会流出汁液，做梁柱会生蛀虫。就是因为一无是处，所以才能长得那么茂盛。"庄子感慨地说："这棵树就是因为不成材而能够终享天年啊！"正是百无一用有大用，不争反而能为先。

关于因果之说，有很多不同的见解，庄子代表道家，道出了因果的真谛。佛教认为，世间万物有因就有果，因果循环虽然不一定立刻显现出来，但并不等于不存在。庄子眼中的大树，历经了破而后立，也符合佛教因缘果报的说法。

弘一大师也对因果有自己的见解。他说："吾人欲得诸事顺遂，身心安乐之果报者，应先力修善业，以种善因。若唯一心求好果报，而决不肯种少许善因，是为大误。譬如农夫，欲得米谷，而不种田，人皆知其为愚也。故吾人欲诸事顺遂，身心安乐者，须努力培植善因。将来或迟或早，必得良好之果报。古人云：'祸

福无不自己求之者'，即是此意也。"他认为，人的事情之所以做
得顺利，能得到很多人的帮助，是因为这个人以前做过很多好事，
也帮助过别人。因此，若想得到好的果报，不肯先付出是不可能
的。这正如农夫种地，想有好的收成却不先辛勤种地，可能吗？
所以，我们若想事情有好的结果，就应该先付出，这样才会有相
应的收获。福祸也是如此，"塞翁失马，焉知非福"。有时候因为
自己的缺憾，反而为自己带来益处，生活就是这样的。

世间的得失与取舍关系都是相通的，生活有失才有得，想要
有取便必须学会给予。"取"与"予"之间并不是相互对立的，
如果我们只是一味地想去索取，那么，我们将活在地狱；倘若我
们懂得"先予而后取"的道理，那么，我们便生活在天堂。

要得到回报，先满足他人

很多人都明白付出才有回报的道理，但是不是任何付出都
有回报的，付出也是需要讲究方式方法的。当你的付出别人不
需要的时候，你的付出就是无谓的牺牲，不但不会得到回报，
还有可能给你带来负担；如果你的付出正是别人需要的时候，
你的付出才会有价值。只有满足别人需要的付出，才能得到别
人的回报。

一位登山客在山中突遇暴风雪，在风雪茫茫中迷失了方向。
这场暴风雪突如其来，他的御寒装备严重不足。他知道自己必须
尽快找到避寒处；否则就会被冻死。可是他没走多远，四肢已冻
得开始麻痹，他意识到自己的时间已经不多了。

就在这时候，他在路上遇到另外一个人，那个人躺在地上，
一动不动。原来那个人已经快冻僵了。登山客停了下来，他发现
自己面临一个困难的抉择：他应该继续赶路为求拯救自己，还是
设法救助雪中垂危的陌生人呢？

转瞬之间，他就下定了决心，设法救助陌生人。他迅速脱下

湿手套，跪在那个垂危的人身边，按摩他的手臂和双腿。那个人终于血脉通畅，四肢能够活动了。他们两人相互支持，患难与共，最后终于得到了救援。他们生还了。后来，这位登山客才知道，那个冻僵了的人是一个大公司的老板，因为登山客救了他的性命，要给予他一些股份作为报答，但是被登山客拒绝了。他们成了好朋友。

后来，登山客在一次自然灾害中双腿受伤，需要很大一笔医疗费，正在他着急万分的时候，那位他曾经救助的老板来了，帮助他付了全部的医疗费用使他渡过了难关。

登山客回忆说："我们要在别人需要的时候给予帮助，我们才能在需要的时候得到他人的帮助。"

在别人急需帮助的时候，我们给予他们需要的帮助，这样别人不但会记住你，感谢你，还会在你需要帮助的时候给予你很大的回报。

生活中，许多人认为"付出很少有回报"，果真如此吗？故事中登山客的付出，为他赢得了一个好朋友，还在他困难的时候给予了天文数字的医疗费用。在别人需要帮助的时候付出，回报是极大的。

生活就是这样，当你为别人的需要而付出的时候，你的人生才会因你的付出而快乐、升华，才能得到生命的延长和增值。

主动，便赢得了成功人际关系的一半

经常会遇到这样一种场面：在生日宴会上，几个好朋友聚在一起欢天喜地地玩玩闹闹，而旁边会有人只是一声不吭地吃着东西，没有加入到那些人的行列中。这样的人实际上是白白放弃了扩大自己交际圈的好机会。如果能主动争取和别人交流，那就会为自己开拓一个自己不会了解的崭新世界，也会促进自己成功。

那么，怎样才能和对方进行良好地交流呢？有这样一句话："对方的态度是自己的镜子。"在日常的人际交往中，有时自己感觉"他好像很讨厌我"，其实这时正是自己讨厌对方的征兆。因此，对方也会察觉到你好像不喜欢他，当然两个人就越来越讨厌彼此了。在出现这种情况的时候，自己要主动与对方交流，主动敞开心扉。

"对方愿意接近我，我也愿意和他交谈""对方如果喜欢我，我也喜欢他"。如果用这种被动的姿态与人交往，那你永远也不会建立起和谐友好的人际关系。要想使自己拥有和谐友好的人际关系，使自己每天的心情都轻松愉快，毋庸置疑，那就应该采取积极主动的态度与人交流。

要想营造好的人际关系必须强调主动。一切自卑的、畏首畏尾和犹豫不决的行为，都只能导致人格的萎缩和做人处世的失败。所以，拿破仑说进攻是"使你成为名将和了解战争艺术秘密的唯一方法"。

在交际中也是如此，主动进攻，可以使人了解到社会人生所具有的意义，也可以说，寻常人生交际，也是一场不流血的、平静温和的战争。因此，主动进攻不仅是一种行为风格，从思想上讲，更是一种主动谋略。

道理是这样，但避免不了人们心里对主动交往有很多误解。比如，有的人会认为"先同别人打招呼，显得自己没有身份""我这样麻烦别人，人家肯定反感的""我又没有和他打过交道，怎么会帮我的忙呢"等等。其实，这些都是害人不浅的误解，没有任何可靠的事实能证明其正确性。但是，这些观念却实实在在地阻碍着人们，阻碍了人们在交往中采取主动的方式，从而失去了很多结识别人、发展友谊的机会。

当你因为某种担心而不敢主动同别人交往时，最好去实践一下，用事实去证明你的担心是多余的。不断地尝试，会积累你成功的经验，增强你的自信心，使你在工作场合的人际关系状况愈来愈好。

在谈话中，如果控制话题的主动权，你的压力就会缓和下来。但是，要是主动权落入他人手中，受制于人的情况下，谈话便不会像你希望那样顺利进展。如果对方不怀好意，存心问些尖锐敏感的问题，你更是一味陷于挨打的局势了。

其实，这时恰是你反击的时候。你无须正面回答对方的问题；相反可以提出相关的问题，反过去征询对方的意见。据说，善于社交的高手，大都擅长使用这种"转话法"，以确保谈话时的主导权。

人在谈话时难免失言，在关系重大的面谈时失言，甚至可能造成致命的一击而一蹶不起。不管说错了什么话，即使是无伤大雅的事，一旦失言，第一个反应就是慌乱，告诉自己"完蛋了"，瞬时热血直往脑门上冲，说话就更加语无伦次。这种情况，千万不能慌，要变被动为主动。

"你好"是个最普通的词，相错而过的车船上，人们可以彼此喊一声"你好"便再也不相遇。萍水相逢的人，可以因为喊一声"你好"，而从此相识。

拥有丰富多彩的人际关系是每一个现代人的需要。可是，现实生活中，很多人的这种需要都没有实现。他们总是慨叹世界上缺少真情，缺少帮助，缺少爱，那种强烈的孤独感困扰着他们，使他们痛苦不已。其实，很多人之所以缺少朋友，仅仅是因为他们在人际交往中总是采取消极的、被动的退缩方式，总是期待友谊从天而降。这样，虽然他们生活在一个人来人往的工作场所，却仍然无法摆脱心灵上的寂寞。这些人，只做交往的响应者，不做交往的主动者。

要知道，别人是没有理由无缘无故对我们感兴趣的。因此，如果想赢得别人的好感，与别人建立良好的人际关系，摆脱寂寞的折磨，就必须主动与人交往。

风光不可占尽，宜分他人一杯羹

人皆有好名之心，内心常有一种出人头地的渴望，期待着有一天能"一炮走红"而成名人。于是，我们常常发现，那些在自己的领域做出一点成绩的人，总是认为自己是多么的与众不同，是多么的应该被别人景仰。他们的眼睛中只看见自己，就好比在一张白纸上涂一个黑点，他们只看到黑点，却看不见黑点之外那无限开阔的境地。他们不停地炫耀自己、推销自己，俨然一副舍我其谁的神态。殊不知，他们的这种行为令别人十分反感，这样使他们离成功越来越远。

要表现自己，先要倾听别人；要成为公众的焦点，先要学会把光环让给别人。这时，你的内心会升起一种奇妙的平静感，你的成功自然地昭示着一种无须声张的厚度，你会越来越受人欢迎。

后汉隐帝时，大将郭威曾任两军招慰安抚命。他领兵平定以李守贞为首的三镇（河中、永兴、凤翔）割据后，回到了京都大梁。

郭威入朝拜帝，皇上对他进行嘉奖，赐予金帛、衣服、玉带等一大堆奖品，郭威一一加以推辞，道："为臣自领命以来，仅仅攻克一座城池，有什么功劳可言呢！况且我又领兵在外，而镇守京城，供应所需，使前方不缺粮，这都是朝中大臣的功劳啊。"后来，后汉隐帝又提出加封郭威为地方藩镇，郭威还是不受："宰相位在臣上，未曾分封藩镇，还有节度使也有功劳。"后汉隐帝越发觉得郭威淡泊名利，十分难得，打算再赏赐他，郭威第三次推辞道："运筹策划，出于朝廷；发兵供粮，来源藩镇；冲锋陷阵，出于将士，功独归臣，臣何以堪之！"

郭威反复推辞，将功名归于大家，实在是一个很高明的做法。他这么做，不仅免遭上下左右的嫉妒中伤，而且在朝廷中留下了好名声，真是："桃李不言，下自成蹊！"所以，当你在工作上有特别表现而受到肯定时，千万记得——别独享荣耀，否则这份荣耀会为你带来人际关系上的危机。

为了让这份荣耀为你带来益处，你需要做好如下几件事：

1. 感谢

感谢同仁的鼓励和帮助，不要认为这都是自己的功劳，尤其要感谢上司，感谢其信任、指导。即使实际情况上，同仁的协助有限，上司也没为此做什么，你也有必要感谢他们。

2. 分享

当你取得成绩时，主动对人表示一点物质上的感谢，能够让旁人有受尊重的感觉，如果你的荣耀上是众人鼎力协助完成的，那么你更不应该忘记这一点。

3. 谦卑

人往往有了荣耀就容易自我膨胀，因此有了荣耀，更要谦卑，要做到不卑不亢，谦卑的要领很多，但以下两点需要注意：一是对人要更客气，荣耀越高，头要越低；二是别再提你的荣耀，再提就变成吹嘘了，即使别人先前再怎么尊敬你，此时也早已麻木厌烦了。事实上，你的荣耀大家早已知道，何必再提呢？

其实别独享荣耀，说直白点，就是不要威胁到别人的地位和利益，不要侵占别人的生存空间。因为你的荣耀会让别人变得暗淡，产生一种不安全感。而你的感谢、分享、谦卑，正好给旁人吃下一颗定心丸，人性就是这么奇妙。

锦上添花不如雪中送炭

曾有人说，最难忘记的是那些在自己哭泣时陪自己哭的人。

一个人不渴的时候，即使送他一桶水也没用，渴的时候，即使是半杯水也珍贵非常。一个人吃饱的时候，再好的食物也会丧失吸引力，饥饿的时候，半个馒头也美味无比。所以，雪中送炭远比锦上添花重要。

有一次，公西赤被派出去做大使，冉求因其还有母亲在家，就代其母亲请求实物配给，并多给出许多。孔子知道后，虽然没有责怪冉求，但对学生们说，你们要知道，公西赤这次出使到齐国去，坐的是最好的马，穿的是最棒的行装，这许多置装费中尽可以拿出一部分来给母亲用。我们帮别人，要在他人急难的时候帮忙，公西赤并非穷困潦倒，再给他那么多，只是锦上添花，实在没有必要。

古人云"求人须求大丈夫，济人须济急时无"，说的也是这个道理，锦上添花不是必要的，雪中送炭却救人于危难。人需要关怀和帮助，也最珍惜在自己困境中得到的关怀和帮助。若要一个人记住自己，最好的方式莫过于在他需要帮助时伸出援助之手。

德皇威廉一世在第一次世界大战结束时，那些拥护他的部下纷纷离去，大批的民众站出来反对他，要求处死德皇的呼声越来越高，

他只好逃到荷兰去保命。在他重新回到皇宫后，有个小男孩写了一封简短但流露真情的信，表达他对德皇的敬仰。这个小男孩在信中说，不管别人怎么想，他将永远尊他为皇帝。德皇深深地为这封信所感动，邀请他到皇宫来。这个小男孩接受了邀请，他母亲一同前往，威廉出于感激，经常陪同母子俩到处游览，后来日久生情，小男孩的母亲嫁给了威廉。

在别人富有时送他一座金山，不如在他落难时，送他一杯水。人总会在现实生活中遇到一些困难，遇到一些自己解决不了的事情，这时候，如果能得到别人的帮助，就会永远铭记于心，感激不尽。

帮助别人不一定是物质上的帮助，简单的举手之劳或关怀的话语，就能让别人产生久久的激动。如果你能做到帮助那些需要帮助的人，你便能握住他们伸出的友谊之手。而这些友谊，很可

能会为你带来巨大的精神力量和物质帮助。

储存人情，重在平时下功夫

　　有些人做人往往过于功利，平时对人不冷不热，甚至还冷嘲热讽；有事时却像是换了副脸孔似的，又是送礼，又是送钱，显得特别热情——但这样的人往往很难成功。

　　很显然，人与人之间的关系会随着平时联络的增加而加深，久不见面的朋友自然会日渐疏远。

　　虽然身为上班族，但也不要一天到晚都埋头在办公桌前，不论多么忙碌的人，也总会有吃饭的时间和休息的时间。至于那些从事业务工作的人，更是整天都在外面奔跑，只有吃饭时间才会回到公司，这样更能够多利用在外面跑的机会，联络那些久疏联络的朋友。至于整日守在办公桌边的人，则不妨利用午餐时间，与在同一地区工作的朋友共进午餐。与其每天一个人吃饭，不如偶尔也打个电话约其他朋友一起吃顿饭，如果没有时间一起吃饭，一起喝杯咖啡也可以。如果彼此的距离稍远，坐计程车去也没关系，反正只不过是一个月一次的联谊。那些斤斤计较这些小钱的人，很难拓展自己的人际关系。虽然上班族的收入很有限，得靠省吃俭用才能存一点钱。但是，因此而失去了与朋友来往的机会，那可就得不偿失了。更何况有许多人是斤斤计较这些小钱，却又对大钱毫不在乎，这实在是本末倒置的做法。

　　在外面奔波的人不妨利用机会顺路探访久未见面的朋友，即使是五分钟也可以；或是利用中午休息时间和对方一起吃顿便饭。虽然只有短短的五分钟，但却对与对方保持长久联系非常重要。

　　下班后，大家一起喝杯茶。不论是迎新送旧还是大功告成，找各种理由大家一块儿聚聚，这不只是大家互相联络感情，也是松弛一下紧张的神经的好机会。人原本就有喜新厌旧的本性，比起早已熟知的朋友，新朋友更能吸引我们的好感而频频与之接触。

对人情的投资，最忌讳的是急功近利，因为这样就成了一种买卖，如果对方是有骨气之人，更会感到不高兴，即使勉强接受，也并不以为然。日后就算回报，也是得半斤还八两，没什么好处可言。

平时不联络，事到临头再来抱佛脚也来不及了。人脉不只在建立，也要重视平时的经营，否则时间长了，人脉也变成了冷脉。

送人情不吝啬，多为自己开条路

说到人情，谁也不敢轻慢。一个人在充满竞争的社会上能不能站得住，行得通，关键一点是看他有多少人情。人情虽然是不可以量化的，但很多人心目中还是有一杆秤。一般说来，一个人有多大的人情，就会获得多大的回报。

钱钟书先生一生日子过得比较平和，但困居上海孤岛写《围城》的时候，也窘迫过一阵。辞退保姆后，由夫人杨绛操持家务，所谓"卷袖围裙为口忙"。那时他的学术文稿没人买，于是他写小说的动机里就多少掺进了挣钱养家的成分。一天500字精工细作，却又不是商业性的写作速度。

恰巧这时黄佐临导演上演了杨绛的四幕喜剧《称心如意》和五幕喜剧《弄假成真》，并及时支付了酬金，才使钱家渡过了难关。时隔多年，黄佐临导演之女黄蜀匠之所以独得钱钟书亲允，开拍电视连续剧《围城》，实因她怀揣老爸一封亲笔信的缘故。

钱钟书是个别人为他做了事他一辈子都记着的人，黄佐临40多年前的义助，钱钟书40多年后还要报答。这真是"多一个朋友多一条路"，没有40年前的人情，也就难有40年后的路子。

东汉末年，周瑜并不得意。他曾在军阀袁术部下为官，被袁术任命过一回小小的居巢长，一个小县的县令罢了。

这时候地方上发生了饥荒，兵乱使粮食问题日渐严峻起来。居巢的百姓没有粮食吃，就吃树皮、草根，活活饿死了不少人，军队也饿得失去了战斗力。周瑜作为地方的管理者，看到这悲惨情形急得心慌意乱，不知如何是好。

　　有人献计，说附近有个乐善好施的财主鲁肃，他家素来富裕，想必囤积了不少粮食，不如去向他借。周瑜带上人马登门拜访鲁肃，刚刚寒暄完，周瑜就直接说："不瞒老兄，小弟此次造访，是想借点粮食。"鲁肃一看周瑜丰神俊朗，显而易见是个才子，日后必成大器，他根本不在乎周瑜现在只是个小小的居巢长，哈哈大笑说："此乃区区小事，我答应就是。"

　　鲁肃亲自带周瑜去查看粮仓，这时鲁家存有两仓粮食，各三千斛，鲁肃痛快地说："也别提什么借不借的，我把其中一仓送与你好了。"周瑜及其手下见他如此慷慨大方，都愣住了，要知道，在饥馑之年，粮食就是生命啊！周瑜被鲁肃的言行深深感动了，两人当下就交上了朋友。

　　后来周瑜发达了，当上了将军，他牢记鲁肃的恩德，将他推荐给孙权，鲁肃终于得到了干事业的机会。

　　生活的经验告诉我们，必须在银行里储蓄足够的金额，当遇到困难的时候，才能从银行里从容地取出存款，以解所需之急。反之，不肯增加储蓄而只想大笔支取的人是无人理会的，这样的银行账户是根本不存在的。若毫无储蓄，到需要用钱时，也就必然无钱可用，只有欠债了。但欠债总是要还的，到头来还是要储蓄。

　　人与人之间的关系也是这样。每个人的心中都有一个银行，都设有一本感情账户。而能够充实感情账户，使感情储蓄日益丰厚的，只能是你对他人真诚、热忱的关心、支持和帮助。互助互利是彼此信任的基石，没有较深的感情则没有彼此的信任。重视情感因素，不断增加感情的储蓄，就是积聚信任度，保持和加强亲密互惠的关系。你在感情的账户上储蓄，就会赢得对方的信任，那么当你遇到困难，需要帮助的时候，就可以利用这种信任。

所以，我们强调请求别人的支持与帮助，应该自信主动、坦诚大方地提出，尽管有许多有效的方法和技巧可以采用，然而最重要的是自己要乐于助人、关心他人，不断增加感情账户上的储蓄。

平时多走动，急时有亲情

虽然从某种意义上讲，亲戚关系本来就是存在的。但是亲戚之间也需要经常走动，需要你来我往，这样才能加深彼此的感情，求人办事的时候才能更顺利。

与亲戚建立更为融洽的关系，是活用亲戚关系办事的前提。但这种融洽的关系不是一朝一夕就能做到的，必须依靠平日一点一滴的积累。只有不断的构建和巩固，亲戚关系才会牢固。有了牢固的关系，求亲戚办事才能易如反掌，而只有经常进行感情投资，亲戚之间常来常往，才能建立牢固的关系。

有些人认为，亲戚关系本来就是存在的，求亲戚帮忙办事也是天经地义的。因此，平时没有必要花费力气去加固什么亲戚关系。但是细心的人可能都会发现这样的问题，假设同是姨表或同是姑表之间，你如果经常去看望其中的一位姑妈，而对另外的几位姑妈无意识地淡忘了，那么你们之间的关系就会变得疏远。等到你升大学或者结婚需要钱的时候，你经常去看望的那位姑妈就会多资助你一些，而其他的几位姑妈一般情况下只是象征性地表示一下就算了。这没有什么奇怪的，再亲再近的人平时也需要感情投资，这是毫无疑问的。

换句话说就是，求人办事也需要具备战略眼光。当然不仅需要我们平时投资，事后也更须注意。"事前"注意，有利于顺利地把事情办好；"事后"注意，有利于以后办事，而且也有利于巩固双方的关系。

如果认为对方是亲戚，他们为你做事、帮忙是理所当然。有这样的想法是十分错误的。"礼尚往来"是中国人做人处世的准则。别人帮了你的忙，一句感激的话语、一点点表达的心意都是应当的。因此，向亲戚表示感谢，不仅要表现在言语上，还可以表现在一定的物质回报上。

当然，物质回报要适量、适度，不要借助回报之名进行违规交易。另外，当语言回报不足以表达心意，物质回报又不合时宜时，也可以以自己的实际行动来回报对方。小王是一位机关干部，她年幼时父亲不幸去世，是城里的姑妈供她上高中、念大学。而今她已身居要职，衣食无忧。对于姑妈的这份恩情，用言语和金钱是无法报答的。近来姑妈体弱多病，小王经常使用空闲时间帮姑妈干家务，还时常利用下乡机会为姑妈寻医求药。姑妈听在耳里、看在眼里、喜在心里。她为自己当年对侄女的付出感到十分欣慰。

总之，亲戚之间应当经常走动，在平时一点一滴积累感情，到关键的时候你才能获得他们的全力帮助。

人再熟也要常联系

在讲求效率与人际网络的现代社会，电话或者电子邮件可以轻松地帮助我们加强彼此之间的联系。相信大家都有过这个经验，借着"电话树"的功用，一个消息很快呈放射状传播出去。就像棒球比赛，棒球选手在跑回本垒时，一定要绕钻石型球场踩过每一个垒包，人际关系也是如此，如果不做踩垒的动作——随时与人保持联络，则迟早要被淘汰出局。

通过短信、电话留言或者电子邮件、贺卡等形式告诉熟人，你在多大程度上受益于他提供的信息，这同样不失为一种得体的感谢方式。"张杰，我只想告诉你，我遵循你的建议同赵伟谈过了。他安排我同一些重要领导和关系人进行了接洽。我想再次感谢你为我指引了正确的努力方向。"一句简单的电话留言，但当老朋友张杰听到时，一定十分感动。因为，他只是提了一个小小建议，你凭自己的努力达到了目的，却特地向他致谢，说明你很重视他。

示意熟人你已经得到了他们的帮助，即使这种帮助的价值不大，也会鼓舞他们的热情。千万不要认为，大家这么熟，一点小事情，不必放在心上，更不用表示感谢。对方帮助你，因为你是他的朋友，也许他并不需要你的感谢，但如果你向他表示感谢，对方一定很高兴，至少说明你对他行为的肯定。记住，随时说："谢谢！"这不是见外，而是发自内心的感谢，是一种礼貌和尊重。尽量使用"我感谢你的帮助"这样的措辞来结束每次电话交谈，从而使熟人在下次接到你的电话时态度会更加友好。时不时地与熟人进行沟通，可以加深他们对你的记忆和积极的印象，并使你有机会向熟人介绍自己的最新境况和求职活动的进展。如果你的求职意向有所变化，还会在熟人的心目中留下更新的印象。

需要注意的是，熟人之间的这种"沟通"活动切忌过于频繁。每隔一个月接触一次是不会引起身居要职的熟人的不快。然而，如果你每周发一封电子邮件，或者每周都打去电话，他们就会感到自己的善意被滥用和过度使用了。一方面，对方可能很忙，没有时间跟你交流，只好敷衍了事，打击你的热情；另一方面，时间久了，大家没有什么可聊的，会让对方觉得你很麻烦，耽误了对方的工作，从而厌倦跟你交往。所以，联系的频率不宜过多。过一段时间联系一次，会让彼此都有新鲜感，有更多的话题，感觉会更亲切自然。俗话说：小别胜新婚，就是这个道理。牢记于心和停留在面子上是有区别的。

不要冷落落魄的朋友

人们自然喜欢结交现在看来就很有价值的朋友，但是，谁知道明天的变化呢？我们为人处世，还需要长远眼光。今天的"冷庙"有可能是明天的"热庙"，凡事要有自己的主见，不能老是跟在别人后面跑。

晋代一个名叫荀巨伯的人，得知朋友生病卧床，便前去探望。不料正赶上敌军攻破城池，烧杀掳掠无恶不作，百姓们纷纷携妻挈子，四散逃难。朋友劝荀巨伯说："你赶快逃命去吧，我重病在身，根本逃不了，更何况我自知已活不长了，跟着你我也只能拖累你，你赶快离开这里吧！"

荀巨伯并不是贪生怕死之辈，他对朋友说："我怎么能弃你于不顾呢？你把我看成什么人了？我不辞山高路远来此地就是为了照顾你。现在，敌军进城，你重病在身，我更不能扔下你不管。"说完转身到厨房给朋友熬药去了。

朋友语重心长地劝了半天，让他快些逃走，可荀巨伯却端药倒水跟没听见一样，他反倒安慰朋友说："你就安心养病吧！不要管我，我不会有事的，我在这里你还有个照应，最起码天塌下来我还能替你顶着！"

这时只听"砰"的一声，门被敌军踢开了，冲进来几个凶神恶煞的士兵，冲着他们大喊大叫道："你们是什么人？好大的胆子还敢在这里逗留，你们难道不怕死吗？"

荀巨伯站起身，从容地走到士兵跟前，指着躺在床上的朋友说："我的朋友病得很厉害，根本无法下地行走，我怎么可以丢下他独自逃命？请你们快快离开这里吧，别吓坏了我的朋友，如果你们有什么事尽管找我好了。如果要死，我可以替他死，对此我绝不会皱一下眉头。"原本面露凶相的士兵，对大义凛然的荀巨伯那无畏的态度很是钦佩，语气较先前缓和了许多说："没想到这里还有品格如此高尚的人，这样的人咱们怎么好迫害呢？走吧！"说着，敌军就走了。

可见，一个懂得善待自己落魄朋友的人，不仅赢得了朋友的真心，而且还为自己赢得了生机，真的是好人有好报啊。可是现实中的不少人总是可以敏感地觉察到自己的苦处，却对别人的痛处缺乏了解。他们不了解别人的需要，更不会花工夫去了解；有的甚至知道了佯装不知，大概是没有切身之苦、切肤之痛吧！

虽然很少有人能做到"人饥己饥，人溺己溺"的境界，但我们至少可以随时体察一下暂时不得势的人的需要，时刻关心他们，帮助他们脱离困境，当他们遭到挫折而沮丧时，应该给予鼓励。这样不但维系了友情，而且一旦那位落魄朋友时来运转的话，他当初的那份温情就会显得弥足珍贵，如果日后他需要帮助的话，定然会得到转势之友的大力相助，这也许就是"冷庙烧香"的好处吧。

从一定意义上说，对待落魄、失势者的态度不仅是对一个人交际品质的考验，而且也是建立良好人际关系的契机。世事沧桑，复杂多变，起起伏伏，实难预料。昨天的权贵，今天可能成为平民；路边乞丐，一夜之间也可能平步青云……

学会倾听，胜过十张利嘴

有这样一个善于倾听的女孩，她也因此拥有许多好朋友，每一个都将她视为毕生知己，有什么开心的事都会与她共同分享，遇到困难也会向她倾诉。

一天，一位朋友来到她家，一坐下便长吁短叹，接着还流下了眼泪。她默默地递上一杯热茶，坐在朋友对面，耐心地聆听对方的倾诉……

原来这位朋友在单位被人陷害，工作上出了很大的错误，差点被老板开除，雪上加霜的是，她的男友在这时提出分手。朋友觉得生活毫无希望，完全失去了前进的目标。

朋友不停地讲着，把心里的苦闷全部倾泻出来，而女孩只是静静地听着，用一种理解、同情的目光凝视着对方的脸，不时地点点头表示赞同……

渐渐地，朋友痛苦的表情放松了，眼泪也消失了。女孩微笑了一下，拍拍朋友的肩，她说："怎么样？觉得好点了吗？"

朋友擦擦眼泪，同样回以一个微笑，"是啊。很奇怪，我在来你家的路上都快活不下去了，可现在却觉得也没什么大不了的。"

女孩握住朋友的手，温和地说："不管发生什么，你还有朋友。"

然后，她们一起讨论怎么挽回工作上的失误，向老板说明一切，让那些卑鄙之人得到应有的惩罚；至于感情的事，就顺其自然，如果无法补救，就让它平静地结束，也许并不是多么严重的问题……

许多年后，朋友已经有了一个幸福美满的家庭，在事业上也有了一番作为，但她永不会忘记那个曾经令她痛不欲生的日子。是倾听那一份真诚的理解和同情，让她堵塞的心田涌入了一股清爽的风……

倾听是一种心灵的交汇，虽然它不能为悲伤的人撑起一片蓝天，也不能让懊恼迅速离去，但是倾听可以为朋友撑起一柄雨伞，使她不会被不如意淋个透心凉。用自己的心灵去感受他人的悲伤，如在寒冷的冬夜，点燃小小的壁炉，让暖暖的炉火，一点点地沁入朋友的心中，驱走寒冷。

生活中，一个善于倾听的人，能给满腹牢骚的同事带去一缕温暖；能给倾诉的人一丝理解和尊重；听听上级的批评、下级的建议，让事业发展变得更顺畅；听听朋友的心声，是生命中不可或缺的一个季节，让我们明白什么才是真、善、美，彼此的手握得更紧，心贴得更近。倾听，让一句简单的话语，骤然有了神奇的力量，让那些琐碎的小事，一下子变得无比地亲切起来，让那些平凡的日子，变得幸福而清爽。

不要忽视任何一个"小人物"

营造人脉，不可忽视身边"小人物"的作用，在许多"小人物"都发挥着举足轻重的作用。

清朝雍正皇帝在位时，按察使王士俊被派到河东做官，正要离开京城时，大学士张廷玉把一个很强壮的佣人推荐给他。到任后，此人办事很老练，又谨慎，时间一长，王士俊很看重他，把他当作心腹使用。

王士俊任期满了准备回到京城。这个佣人忽然要求告辞离去。王士俊非常奇怪，问他为什么要这样做。那人回答："我是皇上的侍卫某某。皇上叫我跟着您，您几年来做官，没有什么大差错。我先行一步回京城去禀报皇上，替您先说几句好话。"王士俊听后吓坏了，好多天一想到这件事就两腿直发抖。幸亏自己没有亏待过这人，多吓人哪！要是对他有不善之举，可能命就保不住了。

生活中，我们千万不可轻视身边的那些"小人物"，跟他们搞好关系非常重要。这些人平时不显山不露水，但是到了关键时刻，说不定就会成为左右大局、决定生死的"重磅炸弹"。

所以，平常无论是说话还是办事，一定要记住：把鲜花送给身边所有的人，包括你心目中的"小人物"。不要总是时时处处表现出高人一等的样子，要知道，再有能力的人也不可能把所有的事情都办好，再优秀的篮球运动员也不可能一个人赢得整场比赛。在经营管理中，人的因素至关重要，有了人才会有事业，有情义，同时也会带来效益。俗话说："不走的路走三回，不用的人用三次。"说不定，有一天，你心目中的"小人物"会在某个关键时刻成为影响你的前程和命运的"大人物"。

常言道"深山藏虎豹，田野隐麒麟"，更何况一百个朋友不算多，冤家一个就不少，越是小河沟子越可能会翻大船。在芸芸众生之间，有着无数能够在关键时刻大显神通助您成功的"贵人"，或陷人于死地的"小人"。所以，要想经营广泛的人脉关系，就要随时随地广泛交往，重视身边的"小人物"，多结善缘才行。

留点瑕疵，别把自己表现得太完美

社会交往中，我们经常看到一些看起来各方面都比较完美的人却不招人待见；而那些有明显缺点的人，却往往讨人喜欢。

之所以出现这种情况，是因为，一般人与完美无缺的人交往时，总难免因为自己不如对方而有点自卑。如果发现如此精明人也和自己一样有缺点，就会减轻自己的自卑，也就更愿意与之交往。你想，谁会愿意和那些容易让自己感到自卑的人交往呢？所以，不太完美的人，更容易让人觉得可亲、可爱。

从另一个角度来看，世界上不可能存在真正完美、没有缺点的人。如果一个人总是表现得很完美，倒很容易让人怀疑其中有造假的成分。或者说，故意把自己表现得很完美，这本身恐怕就是一个不好的缺点。

所以，一个善于处世的人，常常会故意在明显的地方留一点儿瑕疵，让人一眼就看见他"连这么简单的都搞错了"。这样一来，尽管你出人头地，木秀于林，别人也不会对你敬而远之。一旦他发现"原来你也有错"，反而会缩短与你之间的距离。

在好莱坞有这样一位国际知名演员：

一次，他在进影棚演出之前，一位朋友提醒他，纽扣上下扣反了。他低头看了看，连声向朋友道谢并赶紧扣好纽扣。可等他的朋友走开以后，他又把纽扣上下重新扣反。一个年轻人正好瞧见这一过程，便不解地问他是怎么回事。这名演员说他扮演的是个流浪汉，扣反纽扣正好表现出他不注重形象、对生活失去信心的一面。年轻人更是困惑地问道:"可你为什么不向朋友解释或者说这是演戏的需要呢?"这位演员坦然地笑着说:"他提醒我是把我当作真正的朋友,是出于对我的关心。假如我一定要解释个清楚,就极有可能让他认为我做任何事都是有准备的,有一定原因的。久而久之,谁还能指出我的缺点,在他们眼里,我的缺点也可以被认为有个性,而恰恰这正是我要完善的地方。"

人不是上帝,都不完美,都会犯一些错误。为了不断地完善自己,你必须给人以批评你的机会。

其实,适当地把自己安置得低一点儿,就等于把别人抬高了许多。当被人抬举的时候,谁还有放置不下的敌意呢?既然人不是上帝,那么适当地犯点小错,相信人人都能够谅解。并且,你的这些小错误也给了别人自尊心上的满足,这样,别人才不会因为嫉妒而攻击你。表面上看来,犯错是不好的,实际上却是给自己搭了一个获得好人缘的梯子。

牢记他人的姓名

名字对一个人来说,应该算是最重要的东西之一了吧。一个人从出生到去世,名字就一直和他缠在一起。人们不能没有名字,因为这是一个人区别于其他人的重要标志。叫响一个人的名字,这对于他来说,是任何语言中最动人的声音。

一般人对自己的名字比对地球上所有的名字之和还要感兴趣。记住人家的名字,而且很轻易就叫出来,等于给予别人一个巧妙而有效的赞美。若是把人家的名字忘掉,或写错了,你就会处于一种非常不利的地位。比如说,曾有一个人,莫名其妙地一天收到了一封很不客气的信,是由巴黎一家大的美国银行经理写来的,究其原因是因为他曾经把这位经理的名字拼错了。

我们应该注意一个名字里所能包含的奇迹,并且要了解名字是完全属于与我们交往的这个人,没有人能够取代。名字能使他在许多人中显得独立。

有时候要记住一个人的名字真是难，尤其当它不太好念时。一般人都不愿意去记它，心想：算了！就叫他的小名好了，而且容易记。锡得·李维拜访了一个名字非常难念的顾客。他叫尼古得玛斯·帕帕都拉斯。别人都只叫他"尼克"。李维说：在我拜访他之前，我特别用心地念了几遍他的名字。当我用全名称呼他"早安，尼古得玛斯·帕帕都拉斯先生"时，他呆住了。在几分钟内，他都没有答话。最后，眼泪滚下他的双颊，他说："李维先生，我在这个国家 15 年了，从没有一个人会试着用我真正的名字来称呼我。"

由于认识到了记住他人的名字的重要性，在生意和社会交往中，我们就要有意识地去记住对方的名字，有位专家讲过要记住名字和面孔有三条原则：印象、重复和联想。

1. 印象

心理学家指出，人们记忆力的问题其实就是观察力的问题。肯恩觉得是如此。肯恩对名字重要性的认识，使他觉得印象是首要原则，如果不正确地牢记别人的名字，那简直是不可原谅的无礼行为。

可怎么正确地记住呢？如果没有听清其名字，那么恰当的说法是："您能再重复一遍吗？"如果还不能肯定，那么正确的说法是："抱歉，您可以告诉我怎么写吗？"

2. 重复

你是不是有过这样的情况，新介绍给你的人在 10 分钟之内就忘记其名字了？除非多重复几遍，否则，一般人都会忘记。

在谈话中记住别人名字的办法是用多种谈话方式使用他人的名字。比如，莫斯格拉夫先生，您是不是在费城出生的？如果一个名字较难发音，最好不要回避，但很多人都采取回避的方式。如果碰上一个较难发音的名字，可以问："您的名字我念得对吗？"人们是很愿意帮助你把他们的名字念对的。

3.联想

我们是怎么把我们需要记住的事物留在头脑中的呢？毫无疑问联想是最重要的因素。

我们常常会因自己依然记得儿时发生的事而感到惊奇。

卡耐基开车到新泽西大西洋城的一个加油站加油，加油站的主人认出了他，虽然他们是在40年前见过面的。这太让卡耐基吃惊了，因为以前他从未注意过这位先生。

"我叫查尔斯·劳森，咱们曾在一所学校是同学。"他急切地说道。

卡耐基并不太熟悉他的名字，还在想他可能是搞错了。他见卡耐基还是有些疑惑，就接着说："你还记得比尔·格林吗？还记得哈里·施密德吗？"

"哈里！当然记得，他是我最好的朋友之一。"卡耐基回答道。

"你忘了那天由于天花流行，贝尔尼小学停课，我们一群孩子去法尔蒙德公园打棒球，咱们俩一个队？"

"劳森！"卡内基叫着跳出汽车，使劲和他握手。之所以发生这一幕恰恰是因为联想在起作用，有点像是魔术。

如果一个名字实在太难记了，不妨问问其来历。许多人的名字背后都有一个浪漫的故事，很多人谈起自己的名字比谈论天气更有兴趣。

赞美，最简单的人际投资法

马克·吐温曾说过："只要一句赞美的话，我就可以充实地活上两个月。"喜欢听好话、受赞美是人的天性之一。每个人都会对来自社会或他人的得当赞美，而感到自尊心和荣誉感得到满足。而当我们听到别人对自己的赞赏，并感到愉悦和鼓舞时，不免会对说话者产生亲切感，从而使彼此之间的心理距离缩短、靠近。人与人之间的融洽关系就是从这里开始的。

法国总统戴高乐 1960 年访问美国时，在一次尼克松为他举行的宴会上，尼克松夫人费了很大的劲布置了一个美观的鲜花展台：在一张马蹄形的桌子中央，鲜艳夺目的热带鲜花衬托着一个精致的喷泉。精明的戴高乐将军一眼就看出这是女主人为了欢迎他而精心设计制作的，不禁脱口称赞道："女主人为举行一次正式宴会要花很多时间来进行这么漂亮、雅致的计划和布置。"尼克松夫人听了，十分高兴。事后，她说："大多数来访的大人物要么不加注意，要么不屑为此向女主人道谢，而他总是想到和提到别人。"并且，在以后的岁月中，不论两国之间发生什么事，尼克松夫人始终对戴高乐将军保持着非常好的印象。

可见，一句简单的赞美他人的话，会带来多么好的反响。

美国商界中，年薪最早超过 100 万美元的管理者叫查尔斯·斯科尔特。他在 1921 年被安德鲁·卡内基选拔为新组建的美国钢铁公司的第一任总裁，而当时他只有 38 岁。

为什么斯科尔特能够获得如此高的年薪呢？他是天才吗？当然不是。斯科尔特亲口说过，对于钢铁怎样制造，他手下的许多人比他懂得还要多。

斯科尔特说，他能够拿到这么多的年薪，是因为他知道跟别人相处的本领。他说那只是一句话，但这句话应该刻在全世界任何一个有人住的地方，每个人都要背下来，因为它会改变我们的生活。他说："我认为，我那些能够使员工鼓舞起来的能力，是我拥有的最大的资产，而能够让一个人发挥出最大能力的方法就是鼓励和赞美。"

只要是人，就都希望获得别人的赞美，没有人喜欢遭到别人的指责和批评。赞美的好处不胜枚举，可是，生活中却常常有年轻女孩吝啬这么做，这种女孩当然不会获得良好的人缘。有人说"吝啬赞美是最大的吝啬"，赞美一个人你不必损失什么，只要动动口就行了，连这点小事都不愿做，甚至故意对别人的优点"视而不见"，这种人除了引起别人的厌恶，根本不可能获得别人的真心认可。

赞美是一种良好的修养和明智的行为。赞美是人际交往中最便宜的"投资"，它投入少、回报大，是一种非常符合经济原则的行为方式。对领导的赞美，让领导更加赏识与重用你；对同事的赞美，能够联络感情，使彼此愉快地合作；对下属的赞美，能赢得下属的忠诚，换得他们的工作用心和创造精神；对商业伙伴的赞美，能赢得更多的合作机会，赚得更多的利益；对男友或丈夫的赞美，能使两人更加甜蜜；对朋友的赞美，能赢得崇高的友谊。

赞美的话不仅要当面说，更要背后说；而且背后说别人的好话，远比当面恭维别人或说别人的好话，更让人觉得可信。因为你对着一个不相干的人赞美他人，一传十，十传百，你的赞美迟早会传到被赞美者的耳朵里。这样，你既博得了他的尊重，也赢得了大家的信赖。

《红楼梦》中有这么一段描写：史湘云、薛宝钗劝贾宝玉做官为宦，贾宝玉大为反感，对着史湘云和袭人赞美林黛玉说："林姑娘从来没有说过这些混账话！要是她说这些混账话，我早和她生分了。"

凑巧这时黛玉正来到窗外，无意中听见贾宝玉说自己的好话，不觉又惊又喜，又悲又叹。结果宝黛两人互诉衷肠，感情大增。

在林黛玉看来，宝玉在湘云、宝钗、自己三人中只赞美自己，而且不知道自己会听到，这种好话就是极为难得。倘若宝玉当着黛玉的面说这番话，好猜疑、使小性子的林黛玉可能就认为宝玉是在打趣她或想讨好她。

多在第三者面前去赞美一个人，是你与那个人关系融洽的最有效的方法。假如有一位陌生人对你说："某某朋友经常对我说，你是位很了不起的人！"相信你感动的心情会油然而生。那么，我们要想让对方感到愉悦，就更应该采取这种在背后说人好话、赞扬别人的策略，因为这种赞美比一个人当面对你说"我是你的崇拜者"更让人舒坦，更容易让人相信它的真实性。

让他人感觉自己被尊重

心理学家认为，尊重是每一个人的心理需要。任何人都需要得到别人的尊重。因而，要想使他人乐于改变，很重要的一点就是要迎合他人的自尊心。

美国心理学家曾做过一个实验，证明了尊重对人产生的巨大影响。

为了调查研究各种工作条件对生产效率的影响，美国西方电器公司霍桑工厂一个大车间的6名女工被选为实验对象。实验持续了一年多，这些女工的工作是装配电话机中的继电器。

第一个时期，让她们在一个一般的车间里工作两星期，测出她们的正常生产效率。

第二个时期，把她们安排到一个特殊的测量室工作5星期，这里除了可以测量每个女工的生产情况外，其他条件都与一般车间相同，即工作条件没有变化。

接着进入第三个时期，改变了女工们工资的计算方法。以前女工的薪水依赖于整个车间工人的生产量，现在只依赖于她们6个人的生产量。

第四个时期，在工作中安排女工上午、下午各一次5分钟的工间休息。

第五个时期，把工间休息延长为10分钟。

第六个时期，建立了6个5分钟休息时间制度。

第七个时期，公司为女工提供一顿简单的午餐。

在随后的3个时期，每天让女工提前半小时下班。

第十一个时期，建立了每周工作5天的制度。

最后一个时期，原来的一切工作条件又全恢复了，重新回到第一个时期。

　　老板是想通过这一实验来寻找一种提高工人们生产效率的生产方式，的确，工作效率会受到工作条件的影响。然而，出乎意料的是，不管条件怎么改变，如增加或减少工间休息，延长或缩短工作日，每一个实验时期的生产效率都比前一个时期要高，女工们的工作越来越努力，效率越来越高，根本就没关注过生产条件的变化。

　　这是为什么呢？

　　之所以会这样，一个重要的原因就是女工们感到自己是特殊人物，受到了尊重，引起了人们的极大关注，因而感到愉快，便遵照老板想要她们做的那样去做。正是因为受到了重视和尊重，所以她们工作越来越努力，每一次的改变都刺激着她们去提高生产效率。

　　尊重是人的一种基本需要。人与人之间存在差异，人与人在财富、地位、学识、能力、肤色、性别等许多方面各有不同，但在人格上是平等的。维护自己的自尊是人们心中最强烈的愿望，因此，满足尊重的需要对人来说十分重要。

　　吴起是战国时期著名的军事家，他在担任魏军统帅时，与士卒同甘共苦，深受下层士兵的拥戴。有一次，一个士兵身上长了个脓疮，作为一军统帅的吴起，竟然亲自用嘴为士兵吸吮脓血，全军上下无不感动，而这个士兵的母亲得知这个消息时却哭了。有人奇怪地问道："你的儿子不过是小小的兵卒，将军亲自为他吸脓血，你为什么倒哭呢？你儿子能得到将军的厚爱，这是你家的福分哪！"这位母亲哭诉道："这哪里是爱我的儿子呀，分明是让我儿子为他卖命。想当初吴将军也曾为孩子的父亲吸脓血，结果打仗时，他父亲格外卖力，冲锋在前，终于战死沙场；现在他又这样对待我的儿子，看来这孩子也活不长了！"

　　封建社会等级森严，吴起身为将军却为士兵吸吮脓血，士兵怎能不为他卖命？

尊严是一个人存活于世的重要理由，无论对上级还是对下属抑或对其他人，时时处处照顾到他的尊严，看似无形，却在潜移默化中得到了人心。

花点时间打造个人形象

　　在日常生活中，我们常常听到这样的劝告："不要以貌取人。"但是经验告诉我们，人都有一种心理：对长相出众的人颇具好感，对长相一般甚至难看的人给较少关注或不关注。就是说，无论理智上怎样认为，实际上对别人判断时多少会受到对方外貌的影响。我们总是戴着"漂亮与否"的眼镜打量着五光十色的人们，然后我们会根据自己的观察，从对方的形象上我们得出有关其一切遐想：学历、职业、社会地位、家庭背景……而事实也证明，一个注意形象并自觉保持好形象的人，总能在人群中得到信任，总能在逆境中得到帮助，也必定能在人生的旅途中不断找到发挥才干的机会，最终做到时刻用自己的魅力影响别人，活出真正精彩的人生。

　　所以，好形象是现代人的一种资本，充分利用它不仅能给你的日常生活添色加彩，更有助于提升你的影响力。

　　现代人具有好形象，除了可以展示个人的气质、风度外，更有助于提升自己的影响力。

　　每个人的形象，无论好坏，也都是充满着独特影响力的。因此，形象是每个人向社会展示自我的窗口，向社会宣传自我的广告，向别人介绍自我的名片。别人从我们的形象中获取对我们的印象，而这个印象又影响着他们对我们的态度和行为。同时，每个人都在这个最基本的互动过程中追逐着自己人生的梦想，实现着生命的价值。

　　有人说："形象是一个人的招牌，坏形象会毁了你的一生，而好形象会令你的影响力迅速提升。"

有位主管曾说起她同事的故事。

李兰工作能力很强，与同事相处得也很融洽，唯一美中不足的一点是：她的外表实在是有点邋遢。她不喜欢化妆，似乎对自己的不修边幅毫不在意。她常常搞不懂为什么自己工作认真努力，升迁总也轮不到她。

这位主管说："其实，旁观者都看得出来，这是因为她的外表实在是很吃亏，而不是工作能力的问题，可是谁又能开口告诉她呢？每每遇上重要的事情欲让她接洽，却总会担心客户以貌取人，认为这是一家不注意形象、不专业、不敬业的公司，毕竟公司要注意自身的形象。"

很多追求成功的人像李兰一样，只注重培养能力，而忽略了对自身形象的塑造，结果会影响自己成功的。如果他们能静下心来，认真地树立起自己的好形象，那就好比给自己的人生打造了一块良好招牌，能够让你在风高浪险的生命历程中从容地经营人生。

与人交往时我们应该明白：好形象可以让你获得更多"曝光率"。如果你能够充分运用你的良好形象，将有助于提升你的魅力，扩大你的影响力。

欣赏，给失败者送去贴心的问候

有这样一个关于鼓励的故事：一个驯兽师在训练鲸鱼跳高。开始的时候，他先把绳子放在水面下，使鲸鱼不得不从绳子上方通过。鲸鱼每次经过绳子上方就会得到奖励，它会得到鱼吃，会有人拍拍它并和它玩，训练师以此对这只鲸鱼表示鼓励。当鲸鱼从绳子上方通过的次数逐渐多于从下方经过的次数时，训练师就会提升绳子的高度，只不过提高的有限，不至于让鲸鱼因为过多的失败而沮丧。训练师慢慢地把绳子提高，一次一次地鼓励鲸鱼，鲸鱼也一次一次地跳得比前一次高。最后，鲸鱼跳过了世界纪录。

无疑，是鼓励的力量让这只鲸鱼跃过了世界纪录的高度。对鲸鱼来说如此，对于聪明的人类来说更是这样，鼓励、赞赏和肯定，会使一个人的潜能得到最大限度的发挥。可事实上，更多的人却与训师相反，起初就定出相当的高度，一旦达不到目标，就大声批评。

观众的掌声对一个赛场上的球队有没有好处？答案是肯定的。每个球队都知道，赛场上天时、地利、人和都是非常重要的。观众鼓励球队的热情是支持球队打胜仗最重要的力量之一。每个球队都承认，球迷的打气使他们感觉自己受到了尊重，因此情绪激动、斗志昂扬。

同样的道理，在日常生活中，鼓励也是很重要的一个因素，而且也是很有用的。在家庭里，夫妻应该彼此鼓励，父母与子女应该彼此鼓励；在工作上，老板和员工更是应该彼此鼓励；在生活中，朋友之间也应彼此鼓励。

亨利·汉克，是印第安纳州洛威市一家卡车经销商的服务经理。他的公司有一个工人，工作愈来愈差。但亨利·汉克没有对他吼叫，而是把他叫到办公室，跟他进行了坦诚的交谈。

他说："希尔，你是个很棒的技工。你在这里工作也有好几年了，你修的车子也很令顾客满意，很多人都称赞你的技术好。可是最近，你完成一件工作所需的时间却加长了，而且你的质量也比不上你以前的水平。也许我们可以一起来想办法解决这个问题。"

希尔回答说他并不知道他没有尽到职责，并且向上司保证，他以后一定改进。最后，他也确实那样做了。

不要吝啬自己的鼓励！有的时候，你的一句鼓励可能会让对方终身受益。每个人都有可能遇到生活上的不同考验，应该在别人经历风雨的时候，及时给予一些安慰和鼓励。在同学考试没考好的时候，送上一句"下次努力，你的成绩肯定会很好的"；在朋友遇到困难时，送上一句"你平时那么棒，这些困难算什么"。一句鼓励的话，相信会给失意的人很大帮助。

每一个角落都在等待阳光的照耀，每一个人都在等待美好时光的到来，每一颗心都在等待心灵的碰撞。为别人鼓掌喝彩，就是尊重别人的价值，让别人在无情的竞争中获得一份温情。也许他像一只煅烧失败、一出世就遭冷落的瓷器，没有凝脂般的釉色，没有精致的花纹，无法被人藏于香阁，但是，你对他的安慰和鼓励，就可能给他一片灿烂的艳阳天。

勿因善小而不为

当我们拿花送给别人时，首先闻到花香的是我们自己；当我们抓起泥巴想撒向别人时，首先弄脏了的也是我们自己的手；一句温暖的话或一个鼓励的眼神，就像撒往别人身上的香水，自己也会沾到两三滴。因此，我们要时时心存好意，脚走好路，身行好事。

有这样一个寓言故事：

夜晚，一群萤火虫正围着一只蝙蝠，听它讲故事。突然，它们听到一只小兔子的哭声，便飞了过去。

"喂，小兔子，你为什么哭泣呀？"蝙蝠问。

"天太黑，我找不到回家的路。"小兔子抽泣着说。

"我们送你回家吧。"一只萤火虫说。

"哼，就凭你那点儿光，就想给别人照明，别异想天开了。再说，做这么一点好事又能得到什么回报？"蝙蝠说完，一展翅膀飞走了。

萤火虫们没有理会蝙蝠的话，它们聚拢在一起，形成了一个小亮点，在小白兔面前慢慢地飞着，小白兔靠着萤火虫的亮光，终于找到了回家的路。

一天中午，这群萤火虫正在草丛中休息，一条蜥蜴发现了它们，便偷偷地爬了过去，想把它们统统吃掉。恰好在此时，那只曾被萤火虫们护送回家的小白兔路过此地，它发现萤火虫们正处在危险之中，便猛地冲过去，赶跑了那只蜥蜴——萤火虫们得救了。

将恩惠与友善多带给周围的人，使别人从我们身上多得些益处。这样，在自己身处险境时，也会得到他人的帮助。

千万不要像蝙蝠那样，不愿意为别人提供帮助，而应该时时、处处尽力帮助他人。有时，受到我们恩惠的人，也会将恩惠施予我们。

在生活中，我们不应该吝啬自己的爱与关怀。给悲伤中的人一丝安慰，给怯懦的人一点勇气，给失败的人一点鼓励……你所付出的并不多，既不会使你的财富减少，也不会使你的感情干涸，但对于他人来说，你的一言一行都是把他们从困境中拯救出来的动力。你的一个微笑，一次握手，一个眼神，都能使困境中的人温暖盈心。而你，因为奉献，心中永远不会有孤独、无助的阴影。

第五章　舍小求大，吃亏也是福

舍得舍得，舍和得永远不分开

有人可能会觉得，放弃曾经所有的一切从零开始，是不是很可惜？所以他们在该放弃时不放弃，优柔寡断，结果错过了很多好机会。其实，放弃一些东西，也许会开启另一道成功的门。生活是一个单项选择题，每时每刻你都要有所选择，有所放弃，要追求一个目标，你必须在同一时间放弃一个或数个其他的目标。该放弃时就放弃吧，不要在犹豫不决中虚度光阴，可能到最后还会无奈地放弃。世界上许多顶级的富豪都是敢于选择、舍得放弃的人。

拥有"中国色彩第一人"称号的于西蔓回国建立了"西蔓色彩工作室"。她将国际流行的"色彩季节理论"带到了中国，她使中国女性认识到了色彩的魅力。于西蔓在日本学习的本是经济，但她在毕业后，凭着自己对色彩的爱好，苦学了两年，取得了色彩专业的资格，在当时，她成为全球2000多名色彩顾问中唯一的华人。在国外，她看到了中国同胞的穿着经常引起别人的非议，每次她都会产生一种强烈的感觉，要让中国人也美起来。随后，她放弃了在国外优厚的生活，毅然回到了祖国，并于1998年在北京创办了中国第一家色彩工作室。面对中国消费群体的不同，刚开始时，于西蔓只是凭自己的主观确定价位。一段时间后，她发现这并不适合大多数群体，同时也违背了她的初衷——要让所有的中国人都知道什么是色彩。于是，她又重新做了计划，降低价位，并做了很多的辅助工作，结果，取得了很好的成果。年轻的时尚一族纷至沓来，就连上了年纪的人也成了工作室的座上宾，热线咨询电话也响个不断。

西蔓女士的个人才华及所创立的事业对中国的贡献和影响引起了政府、社会和媒体的高度赞誉和肯定，被誉为"色彩大师""中国色彩第一人"。

在总结自己的经验时，于西蔓说她成功的主要原因是懂得放弃，因为没有放弃就没有新的开始。于西蔓几次放弃了自己令人羡慕的工作而重新开始，是因为她深深地了解自己的兴趣、特点及自身的价值。

放弃是卓越者勇气和胆识的考验。在商人看来，有时在经商中选择放弃，需要承受来自内心和外界方方面面的压力。可以说，任何一次决策中的取舍都需要很大的勇气和胆识，需要非凡的毅力和智慧。只有当一个商人把企业发展的长远利益作为目标时，他才会顶住压力、卧薪尝胆、历尽艰辛，走向更大的辉煌。

在现在这个商业社会之中，无论你经营哪个行业，都会遇到众多的竞争对手在与自己争夺市场，能够凭实力一路打拼、高唱凯歌当然最好，如果与对手相比，自己在资金、技术、知名度、人际关系等方面都处于劣势，那该怎么办呢？硬拼，可能是鸡蛋碰石头，自取其辱而已。聪明的商人在这个时候就会选择一走了之，惹不起总躲得起吧，这才是上策。"留得青山在，不怕没柴烧"这不是懦弱，这叫识时务者为俊杰。

还有一种情况，就是市场已经饱和，而且又没有发展前景的时候，就得考虑放弃你现在从事的行业，趁早另起炉灶。比如手机普及之后，谁还在做寻呼台的生意？"飞鸟尽，良弓藏；狡兔死，走狗烹；敌国灭，谋臣亡。"这话虽然残酷，也说明了一个道理，就是没有市场价值的东西就应该"见好就收"。

舍得舍得，没有舍哪有得。这就是成功商人要告诉我们的致富秘籍！

放弃有时就等于一次机遇

放弃并不等于什么都放弃，永远的放弃。在一条路上没有成功的可能的前提下，学会放弃那是一种明智的选择。放弃了这条路，我们可以重新选择一次机遇。

在商业上，适时的放弃，也是企业营运的重要手段。放弃是为了调整产业结构，保留实力。

在形势不明朗时忍耐一会，不激进。在经济萧条时，业务作必要的放弃，保证能渡过难关，到经济复苏时，再扩大投资。

怎样在逆境中保存实力，是企业家一项挑战。在顺境时，拥有巨额资金，收购这个，收购那个，何等意气风发。顺境中能攻，固然要讲究眼光和魄力；同样的，在逆境中能守，也需讲究眼光和魄力。能攻能守，才称得上商业的全才。

要攻而获利，需靠准确的形势分析，掌握有利时机；要退而能保留实力，也得靠准确的形势分析。

李嘉诚投资地产，能攻能守，对攻守时机判断准确，已为业内公认。且看他在 1982 年股市地产陷入低潮之前，怎样评估形势，做出暂退的部署。

1982 年到 1984 年，全球经济不景气，对香港造成严重的冲击，工业衰退，股市暴跌，地产也一落千丈。结果，令投资地产者蒙受巨额的损失。

与此相反，李嘉诚的长江公司则采取稳健政策，暂时放弃，结果安然渡过这次经济危机，这得靠李嘉诚对形势的判断，独具慧眼，预见到地产业面临世界经济衰退和长期利息高涨的压力，1982 年将会大幅向下调整，并据此做出暂退的部署。

在描写李嘉诚的书当中有这样一段话："他一旦发觉形势不妙，就从 1980 年开始，一方面尽量减少、甚至停止，直接购入地皮；另一方面加速物业发展，尽快出售。"目的是令"各个公司的负债日益减少，现金充足，以应付任何意外的风波"。

挪威的船王阿特勒·耶伯生出生在卑尔根的一个殷实家庭，其父克列斯蒂·耶伯生是当地的一个小船主，家庭生活比较富裕。他开始在一所教会学校读书，后就学于英国剑桥大学。毕业后，曾先后到奥斯陆、汉堡和纽约做过商业经纪人。

受家庭环境的影响，耶伯生从小就受务实经商思想的熏陶。因此，早在青年时期他就表现出做生意的才能。1967年8月，他父亲在旅游途中因出车祸而丧生，31岁的耶伯生继承了父亲的产业，开始管理一家船业公司，从此他走上了经商的道路。

经过十几年的艰苦奋斗，耶伯生公司已从原来只有7条船的小公司，变成了拥有120多万吨的90条船的大型船队，并且在世界各地的油田、工厂和其他项目中拥有大量投资。目前，他到底有多少财产，连他自己也说不清楚："我唯一能说清的是，接受保险的财产大约是57亿克朗。"他的船运公司曾获得"挪威1977年最佳企业"称号，这在挪威航运界是独一无二的。

耶伯生父亲在世时曾尝试经营油船，在他接管一年后就果断地卖掉油船，放弃运油行业。

他的理由是：当时的船运公司没有实力，命运操纵在石油大亨们的手中。如果把本钱的大部分压在两三条大油船上实在没有把握。耶伯生退出运油业后，迅速将资金投在散装货物的运输业上，并与工业部门签订了长期的运输合同。

事实证明，耶伯生的分析判断是极其正确的。油船脱手后，虽然他没有领受1973年石油运输短暂兴旺的好处，但是当石油运输的投资家们在70年代中期连遭厄运打击时，他却稳如泰山，丝毫无损。

他以长期合同为基础，逐渐增置了6千吨至6万吨的散装船，为大企业运输钢铁产品和其他散装原料，积累了雄厚的资本。

耶伯生主张，发展挪威的航运业，必须面向世界，走向世界市场，如果把眼光仅仅停留在国内的航运业，将会自我消亡。致富的信念是：必须坚决走出去，放弃过去的，哪里有可利用的资本，就到那里去，这就是我们要取得成功的最关键之处。

敢于吃亏才是大赢家

花儿会苦争春色，雨儿会在自由落体时抢跑道，鸟儿会争着丈量天与地的距离，万物自有竞争法则的存在。务实的生活中，我们人类，自然也会有狭路相逢的时候。古人曾说：要难得糊涂，吃亏是福。凡是能吃亏的人，必有宽广的胸怀和超人的智慧，就像面对"舍"与"得"时，能舍的人，才能真正地得，能吃亏的人才能成为大赢家。

能吃亏是一种睿智、豁达，它能给你带来无尽的财富。

生活里有很多的琐碎，过于计较得失，会让人的眼界和心胸同时变得狭窄，活着本是一种生命的慷慨，不能吃亏的人却把自己变得俗不可耐。真正的智者从不会狭隘到不能吃亏的状态，孔融把大梨子让给别人，自己情愿吃小的，敢于吃亏，收获了一世的美名；雷锋总是想着别人，把为人民服务当作自己一生的使命，敢于吃亏，成为我们世代人学习的榜样；焦裕禄凡事从大局出发，把人民的事业当成自己的家事，敢于吃亏，赢得了民心。有时候，把能吃亏当成一种习惯，却会给我们赢得整个人生。

让出了星光灿烂的今夜，上天赐给了我们白昼的光明；让出了溪水的潺潺，却得到了大海的浩瀚。不要不舍得，拥着一枝春绿，却也想着占有整个春天。

意识流作家伍尔芙微笑着说："让我们记住共同走过的岁月，记住爱，记住时光。"我们为何不也把嘴角轻扬，告诉自己我们要做能吃得亏的人，记住豁达，记住舍得。

世界上没有白吃的亏，有付出必然有回报，生活中有太多的这种事情，尤其在生意场上。如果一个人能心平气和地对待吃亏，表现自己的度量，他就更易获得他人的青睐，获得经商所需要的人脉资源，从而获得商业上的成功。华人首富李嘉诚说："有时看似是一件很吃亏的事，往往会变成非常有利的事。"说的就是这个道理。

太平洋建设集团创始人严介和就敢于"吃亏"，这也是他在商场中叱咤风云，将生意做大、做强的重要法宝。

1992 年，严介和东拼西凑 10 万元在淮安注册了一家建筑公司。当时，南京正在进行绕城公路建设，严介和知道后，先后往返南京 11 趟，最终得到 3 个小涵洞项目。这时，项目到严介和手里已经是第五包了，光管理费就要交纳 36%，总标的不足 30 万。

这是一个注定亏本的"买卖"，当时算算账预计亏损 5 万元左右。可严介和对自己的员工说："亏 5 万不如亏 8 万，要亏就多亏点，一定要保证质量。"结果，本应 140 天完成的工作量，严介和带领大家只用了 72 天就完工，其速度令工程指挥部大吃一惊。更令人振奋的是，指挥部在对 3 个小涵洞验收的时候，检测结果质量全优。

严介和以"吃亏"为经营理念，打响了自己的品牌。从此，他一发而不可收，业务迅速不断扩大。先后参与了南京新机场高速、京沪高速、江阴大桥、连霍高速、沂淮高速、南京地铁等一系列国家和省市重点工程的建设。

每当谈起南京绕城公路项目时，严介和总是说："亏 5 万不如亏 8 万，后来赚了 800 万，这就是太平洋的第一桶金。如果不亏，我这个苏北人能拿到订单吗？两眼一抹黑，什么人也不认识。可就是从那里起步，今天的诚信是明天的市场、后天的利润。"

生意场上，是看到眼前的比较直接的"小利益"，还是把眼光放长远一些，发现更大，但可能比较隐蔽的"大利益"呢？这可是个很大学问。很多人往往见便宜就想得，生怕自己吃一丁点亏，这样一来使自己的路越来越窄，也很难有大便宜到手。试想，如果每一个老板都打着自己的小算盘，整日盘算着如何敛聚更多的财富，如何使自己比别人获得的收益更多，这样有谁还愿意为其工作呢？

聪明的商人则懂得吃亏，自己吃了点亏，让别人得利，就能最大限度调动别人的积极性，使自己的事业兴旺发达。譬如你卖给别人2斤肉，回家之后称，正好2斤，他心里不会有什么感觉；如果多一两，他心里会很舒服，下回还会去你那里买；如果差个两三两，下回肯定不去了。

一个人独资经营的情况下，不仅势单力薄，而且人力、才智匮乏，资金上也很难维持长久的、快速的增长。如果能找到可以长期合作的合伙人，就会增强公司的实力，虽然部分利益会分给合作伙伴，但较之无法持续经营的情况，实在是好上太多了。甚至当你遇到坎坷无法使合作继续进行的时候，不妨吃点亏，也许天地就更宽广，利润也更高。

"吃亏是福"也不是句套话，尤其是关键时候要有敢于吃亏的气量，这不仅体现你的大度，同时也是做大事业者必备的素质。把关键时候的亏吃得淋漓尽致，才是真正的赢家。

善于吃亏是占"大便宜"的一种博弈策略，这是智者的智慧，更是经商技巧。

薄利多销：抓住消费者的心理需求

无论是逛超市，还是去菜市场，每个理性的顾客都想用最便宜的价格买到自己喜欢的东西。在"便宜的价格"和"喜欢的东西"之间往往存在一种相互制约的关系，有经商头脑的生意人就善于发现并利用这种关系。

在经商法则中，薄利多销不是什么"秘密武器"，但却是最有力的武器。"薄利多销"一向被喻为商界的一把尚方宝剑，就像"武林至尊，宝刀屠龙，倚天不出，谁与争锋"一样，让商界的英雄挥舞这柄宝剑笑傲江湖。

对于"薄利多销"的道理，宏基集团董事长施振荣从小就有深刻的体会。

施振荣 3 岁丧父。为了谋生，他曾经帮着妈妈在店里同时卖鸭蛋和文具。鸭蛋 3 元 1 斤，只能赚 3 角，差不多是 10% 的利润，而且容易变质，没有及时卖出就会坏掉，造成经济上的损失。文具的利润高，做 10 元的生意至少可以赚 4 元，利润超过 40%，而且文具摆着不会坏。看起来卖文具比卖鸭蛋好。但其实，施振荣讲述经验时说，卖鸭蛋远比卖文具赚得多。鸭蛋利润薄，但最多两天就周转一次；文具利润高，但有时半年一年都卖不掉，不但积压成本，利润更早被利息吃光。

施振荣后来将卖鸭蛋的经验运用到宏基，建立了"薄利多销"的模式，即产品售价定得比同行低。虽然利润低，但客户量增加，资金周转快，库存少，经营成本大为降低，实际获利大于同业。

商家以赚取利润为目的，但是老百姓是要过日子的，自然要精打细算。所以，大多数的顾客都有一种心理，即功能相同或相近的产品，价格不同时，趋向于购买价格低的。这种购买心理也决定了谁能给顾客更大的实惠，谁就能获得最多的财富。华人首富李嘉诚在早期做塑胶花生意的时候，就是靠"我的原则是做长期生意，做大生意，薄利多销，互利互惠"这样的原则打动意大利客商夺得订单。世界最大的零售企业沃尔玛也深谙这一道理。它从一成立就确立了"天天平价"的经营策略，40 多年来，沃尔玛依靠这一最有力的武器独霸美国、横扫世界，不仅把老资格的全美前十大零售商全部打败甚至淘汰，而且与它同时代成立的竞争对手如凯马特，赢利模式也与它相仿，也被它远远甩在身后。可见"薄利多销"所带来的人气和效益，是非常惊人的。

诚然，要打开市场、拓宽销路，单靠低价闯关是不行的，产品质量、企业信誉、售后服务、宣传力度、营销方式等因素同样都很重要。但不可否认的是，同样的产品，谁卖得便宜，谁就卖得多。价格战是当前形势下一种很重要的竞争手段。问题在于并不是所有人都适合打价格战，因此，经济实力相对较弱的商人在产品降价之前总要左思右想，不敢轻易用低价位向市场上的竞争对手挑衅。能不能降价、能降价多少才不致影响自身事业的发展，是一个重要的问题，对此准备不足，就会适得其反。

一般说来，在以下情况中使用"薄利多销"原则较为妥当：

（1）同类型产品多，竞争激烈时，采用薄利多销策略，既争夺同类产品的顾客，也促进本企业产品市场占据率的提高。

（2）新产品试销阶段，以薄利多销方式尽快使产品进入市场。扩散影响，提高知名度与应用频率，建立市场信誉和威信。

（3）产品被消费者所淘汰，以多销微利保本为原则，将企业损失降到最低限度，争取时间，开发出新产品。

（4）产品有生命力，但销售处于低谷时，采用薄利多销策略以提高顾客的购买欲，以刺激产供销环节的周转、挖掘产品的潜在效能，使企业立于不败之地。

主动让利，追求产品的长远收益

莱文的公司是一家以销售产品原材料为主的公司，曾经与某公司有过长期的合作关系，莱文以合同规定的价格向他们销售原材料。

一次，这家公司的副总裁沃尔森提出想要与莱文全面协商一些重要的合作事宜。

莱文如约和沃尔森会晤。莱文知道他想要干什么。果然不出所料，他对莱文说："我反复地翻阅了一下我们以前所签的合同，发现我们现在无法按照原定合同规定的价格向你购买原材料，原因是我们发现了更低的价格。"

莱文本来可以对他说"我们白纸黑字的早就签好了合同，你不可以单方面撕毁合约的，至于其他的事，我们等这次合同期满之后再谈"。这样，即使沃尔森再不情愿，也只能履约而不能擅自停止采购原材料，但他无疑会因此而感到不舒服。

此时莱文的事业正在蓬勃发展，他需要与这个重要的客户保持长期而又稳定的合作关系，于是，莱文说："那么，请你告诉我你想出什么价？"

沃尔森说："我们要求也不高，单价15美分可以吧。"接着他向莱文解释了一下之所以提出这一降价要求的原因。原来有一家远在数百公里以外的公司给出了14美分的价格，但从那里把原材料运过来，需要另加2美分的运费。所以沃尔森要求把单价降到15美分。

莱文沉吟了一下，在纸上算了一会儿，然后抬起头来对沃尔森说道："我给你12美分。"沃尔森不由得大吃一惊，不相信地问道："你在说什么？是说要给我12美分吗？可我说过我们15美分就可以接受。"

莱文说："我知道，但是我可以给你们12美分的价格。"

沃尔森问："为什么？"

莱文说："请你告诉我你打算与我们合作多长时间？"

沃尔森说："这个自然是看我们彼此合作的情况来定了，就目前来讲，我很乐意与贵公司保持长久而愉快的合作关系。"

莱文得到了一个长期合作的承诺，对方得到了一个满意的价格。

在现代社会里，消费者是至高无上的，没有一个企业敢蔑视消费者的意志。只考虑自己的利益，任何产品都会卖不出去。因此，推销员在销售自己的产品时，一定要进行深入思考，既要考虑自身利益，还要考虑客户的利益，只有做到互惠互利，才能把销售工作搞好。尤其是在面对一些销售难题的时候，如果主动给客户一个好价格，不仅可以使销售难题迎刃而解，更可以以牺牲一小部分利益来换取更大的利益。这个案例就是一个以主动让利获得长远利益的典型案例。

案例中，莱文与沃尔森已有过长期的合作关系，但因客户发现了更低的价格，双方再次会晤商谈。我们可以看到，当沃尔森提出价格问题时，莱文知道客户已经进行过调查，这是客户左脑做出的理性决策，而自己只有使用左脑，才能让客户满意。

于是，他并未要求客户按合同执行，而是询问对方可以接受的价格，当沃尔森提出 15 美分的价格时，莱文通过计算（左脑能力），最后给出了 12 美分的价格，让对方始料不及，成功地打动了客户，既让客户认为得到了一个好价格，又让客户感觉到莱文希望长期合作的诚意，加深了好感，为以后的合作打下良好的基础。

在整个会谈过程中，莱文一直在控制着局面，既让客户得到了利益，又让自己获得了长远的利益。因此，作为一个杰出的推销员，在发现一个很有潜力也很有实力长期合作下去的客户时，一定要善于思考，主动放弃眼前利益，追求更长久的合作，以获得长远的利益，这才是一个销售高手能力的完美体现。

以退为进，灵活机智让谈判对手"束手就擒"

一位商人带着三幅名家画作到美国出售，恰好被一位美国画商看中，这位美国人自以为很聪明，他认定：既然这三幅画都是珍品，必有收藏价值，假如买下这三幅画，经过一段时期的收藏肯定会涨价，那时自己一定会发一笔大财。于是下定决心无论如何也要买下这些名家名作。

主意打定，美国画商就问商人："先生，你的画不错，请问多少钱一幅？"

"你是只买一幅呢，还是三幅都买？"商人不答反问。

"三幅都买怎么讲？只买一幅又怎么讲？"美国人开始算计了。他的如意算盘是先和商人敲定一幅画的价格，然后，再和盘托出，把其他两幅一同买下，肯定能便宜点，多买少算嘛。

商人并没有直接回答他的问题，只是脸上露出为难的表情。美国人沉不住气了，说："你开个价，三幅一共要多少钱？"

这位商人是一位地地道道的商业精，他知道画的价值，而且他还了解到，美国人有个习惯，喜欢收藏古董名画，他要是看上，是不会轻易放弃的，肯定出高价买下。并且他从这个美国人的眼神中看出，他已经看上了自己的画了，于是他的心中就有底了。

于是漫不经心地回答说："先生，如果你真想买的话，我就便宜点全卖给你了，每幅3万美元，怎么样？"

这个美国人也不是商场上的平庸之辈，他一美元也不想多出，便和商人还起价来，一时间谈判陷入了僵局。

忽然，商人怒气冲冲地拿起一幅画，二话不说就把画烧了。美国画商看着一幅画被烧非常心痛。他问商人剩下的两幅画卖多少钱。

想不到商人这回要价口气更强硬，声明少于9万美元不卖。少了一幅画，还要9万美元，美国商人觉得太委屈，便要求降低价钱。

但商人不理会这一套，又怒气冲冲地拿起一幅画烧掉了。

这一回美国人大惊失色，只好乞求商人不要把最后一幅画烧掉，因为自己实在太爱这幅画了。接着，他又问这最后一幅画多少钱。

想不到商人张口竟要12万美元。商人接着说："如今，只剩下一幅了，这可以说是绝世之宝，它的价值已大大超过了三幅画都在的时候。因此，现在我告诉你，如果你真想要买这幅画，最低得出价12万美元。"

美国人一脸苦相，没办法，最后只好成交。

以退为进是谈判桌上常用的一个制胜策略和技巧，是指当推销员尝试推销被拒绝之后，与其勉强且直接反驳客户的问题，不如先转移当时的话题，让客户认为你不会再继续说服他购买，等到气氛稍有改变之后，再继续尝试促成。应用这个策略就需要推销员具备察言观色和灵活机智的右脑能力。

就像这个案例中的那位卖画的商人，他凭借对美国人习惯的了解和对这个美国人表情的观察，知道对方已经有了购买欲望。商人做出这个判断，一方面依靠的是其掌握的情况，收集到的信息，另一方面依靠的是其善于察言观色的能力。

得出这个结论后，商人知道自己在这场谈判中已经占据了主导地位，在谈判陷入僵局后，他机智地利用了美国人爱画的心理，连烧两幅画，并且抬高了原来的价格，最终迫使美国人高价成交，这就是一种典型的以退为进的策略，并且是"退一步，进两步"，于是他取得了谈判的胜利。

可见，在谈判过程中，"以退为进"往往能起到事半功倍的效果。因此，推销员如果遇到类似的情况，不妨向那位商人学习，开发自己的思考力，采用"以退为进"的策略让谈判对手"束手就擒"。

不要吃独食，让别人也赚钱

生意场上，独木不成林，合作是必然。创业之初刚刚赚到一点钱，别吃独食，让别人也赚到钱，其实这也方便了自己。

深圳有一个农村来的妇女，她没什么文化，刚到深圳时只能给人当保姆，攒了点钱后就在街边摆摊卖胶卷，一个胶卷赚一角。她认死理，一个胶卷永远只赚一角。现在她开了一家摄影器材店，生意越做越大，还是一个胶卷赚一角，市场上一个柯达胶卷卖23元，她卖16元1角，批发量大得惊人，深圳搞摄影的没有不知道她的。外地人的钱包丢在她那儿了，她花了很多长途电话费才找到失主；有时候算错账多收了人家的钱，她心急火燎地找到人家还钱。听起来像傻子，可她赚的钱很多，在深圳，大多摄影器材商，都愿意去她那儿拿货。

别人尝到甜头，自然会继续和你合作。若一心想自己谋利，别人得不到任何好处，怎么还会和你来往？没有了来往，没有了合作方，还谈什么赚钱呢？

做生意最讲究人气，门庭若市就是旺铺，就能发财。因此，让别人也赚到钱，实则是树名头、立威信、结人缘的好办法，有了上述这些条件，何愁没有生意上门？

商中行善，一石二鸟

胡雪岩在经商的过程中，常常会引荐前人的好方法。有一次，他听说了这样一个故事。

那是在雍正年间，京城有一家规模很大的药店，他们的药物质地好，连皇上都信得过他们，并允许他们给皇宫供药。

有一年，由于前一年是暖冬，没怎么下雪，一开春的时候，气候反常，所以在三月里的会试能不能顺利进行，就成了朝廷最为担心的事情。因为当时清廷招募考生，都是在科场号舍举行的，那里多为应付考试搭建的，里面空间狭窄，伸不开腿，也直不起腰。考生从开考到结束，三天不能出号舍，这样身体差一点的就会支撑不住，再加上天气的原因让很多考生精神萎靡。

根据这一年的实际情况，那家药店赶制了一批治时气的药散，并托付内阁大臣奏明皇上，说要送给每一个考生，让他们备不时之需。雍正帝正在为会考的事情发愁，见这家药店主动为皇上解忧，自然大加赞许。于是，这家药店派专人守在考场门口，给每个考生发派药物，并且附带一张宣传单，上面印上了他们药店最有名的药物。结果，一半是因为药店的支持，另一半是由于当年考生的运气好，很少有人中场离席。由此一来，不管是中举的还是没中的，人们纷纷来这家药店买药。由于考生们来自全国各地，自此以后，全国的人都开始知道了这家药店，并且都来支持他们的生意。

只用了很少的本钱，却换来了大生意。这对于同样开药店的胡雪岩来说，是一个很好的经验，所以他效仿了这家药店的做法，也通过行善的方式，开辟出了自己的商业天地。那个时候，社会动荡，百姓流离失所，再加上战乱，瘟疫流行。而百姓又都是贫寒之人，没什么钱来买药。于是，胡雪岩就制定出了一种策略：准备大量应急的药物，施与逃难百姓，因此，这些药被百姓们称为"胡善人"的"救命药"。胡雪岩还给曾国藩的江南大营送去了免费的药物，博得了曾国藩的好感。因为胡雪岩的行善举动，朝廷对胡雪岩赞赏有加，封他做了二品官员。而那些难民和士兵都是来自全国各地的，因此全国的人都知道了有个"胡善人"。所以，胡雪岩的生意自然越做越好。

就事情的本身来说，胡雪岩虽然将大众的生死看得很重要，也表现出了他救世的热情，但是他更懂得宣传和舆论的重要。用现代人的眼光来看，胡雪岩送药之举，其实就是一种特殊的广告方式，而且是一箭双雕的上策。商家能够重视自己的名声，懂得行善积德，不仅可以让处于灾难之中的人受惠，更能扩大自己的名气，提升自己的影响力。这要比花大量的钱在广告上来得更快、更早。

所以说，商中行善，绝对是一石二鸟之计。可是，很多商家看不到这其中的利害关系，宁可将大把大把的银子花在电视广告、报纸推广上，也不愿意给予受难者一点支援。其实，经商，靠的是大众的消费，只有获得了人心，才能给自己带来更大的利润。如果连一点小恩小惠都不舍得回报社会，那么受损失的也只有商家自己。

抢占黄金宝地

只有站得高看得远，做生意也是如此。一个开在乡村里的小店，无论有多么齐全的货物，能有多少城里人会专程跑到那里买东西呢？所以做生意的目光不能只着眼于乡村，立足于身边人的需求。否则，时间久了，外面的世界流行什么，你都未必得知，自然也很难做出大生意，赚到大钱了。

这从反面证实了一个道理：做生意，必须选择一个利于生意发展的环境。信息、时尚、市场需求、优越的地理位置，都是这种环境的一部分，而在这里面，地理位置又至关重要、首当其冲。

20世纪初的上海曾号称是"冒险家的乐园"，闻名遐迩的南京路则是这一宝地中的至宝，尤其对商家来说是寸土寸金。能在南京路拥有一家店铺，不仅是商场行家的梦想，同样是生产厂家的追求，同时也是资格和品牌的需要。

为了进驻"中华第一商业街"，温州商人郑荣德的做法令人折服。

出身海岛渔家的郑荣德是一名早年闯荡上海的温商，他创建的华东电器集团近年来在上海悄然崛起，越做越大，成为上海商界的一匹活力四射的黑马。同许多温商一样，郑荣德也把进入南京路、取得商界名流资格、赢得更大效益作为自己的战略目标。为此，到了2000年5月，他又把公司总部迁居离南京路步行街仅有百米之遥的河南中路与天津路交叉口，在这里兴建了一幢颇具档次的6层办公大楼，楼面镶嵌的花岗岩使得整座大楼华贵典雅。按理说，公司现处的地段也一直是上海商业的繁华区。但在郑荣德心里，这里并不是他理想的目标，作为一名追求完美的温州企业家，入驻南京路并不是一个面子的问题，而是他整体构建自己企业规划中的一个理想目标。

2001年夏，机会终于来了。上海新世界集团在南京路上兴建的一幢9层大楼竣工，但该集团并不想自己经营，而打算整楼出让。在郑荣德听说这一消息之前，新世界集团的决策层刚刚透出的信息，便迅速传到了北京、广东等地，当时即已有人闻讯而至，与新世界集团交涉，谈判了不知多少次。由于新世界集团知道这幢9层大楼占据了南京路的要津，因而待价而沽，并不着急。郑荣德知道这一消息后，立即与新世界集团决策层进行接触，而后召集自己公司的决策要员，共商购楼大计，并做好了充分的思想准备，拟出了几套预案。

郑荣德当然知道上海新世界集团的意图，也知道这幢9层大楼所具有的价值，因而舍得动真格，敢出别人不忍出的大价钱。根据郑荣德的请求，新世界集团同意与华东电器集团洽谈出让事宜，但他们准备不足，原想不过是双方熟悉一下，交换一下彼此的条件，以后的谈判还会旷日持久，同时他们也对成交并不抱太大的希望，因为以往的谈判对手都很难接受他们开出的价码。而在"华东电器"一方，郑荣德的购楼之意却是一腔至诚。

知己知彼方能百战不殆。为了首场谈判便能成交，缩短交涉过程一锤定音，断了其他同样看中这幢大楼的竞争对手的念想，使这幢大楼自此成为华东电器集团所有，郑荣德早已从各方面将新世界集团所列的条件打听明白了。当双方见面、坐下寒暄过后，郑荣德便开门见山地将一份条款十分详尽的购楼意向书交给对方，显示了自己的真诚。"新世界"方没有想到郑荣德竟如此爽快，因而也爽快地公开了自己的售出底线，未经几番口舌，双方便在90分钟的谈判中结出正果：以3亿元的楼价签约成交。

郑荣德终于花大价钱进驻南京路，虽然3亿元对一个民营企业来说不是小数目，但在郑荣德看来，南京路本身就是一个名牌，能在这里经营自己的公司和产品，对于打出自己品牌就是一个巨大的优势。

在军事上，据关守险，占据最高点，将是获得胜利的一大保障；在商业中，抢占最好的商业区域，是商人在激烈的商战中占据优势的一大法宝。对于商人来说，在一个地方做生意，一定会选择最有利的铺位：开工厂的，要选择交通便利、工业繁忙的地段；开商铺的，要选择人群辐辏、商业繁荣的地方——这就是抢占制高点。但要进军先进的市场，买下旺楼铺，得花大钱，而且是一分价钱一分货，大本钱有大收益，舍不得投资怎能赚钱！因此，凡是有经商意识的商人是舍得花大钱来抢经商宝地的。

外来和尚要会念本地经

到什么山上唱什么歌，人在商场，就得按照商场的游戏规则做生意——入乡随俗，量体裁衣。

俗话说，"强龙压不过地头蛇"，即使你有天大的本领、再多的本钱，如果不懂"入乡随俗"的礼节，那么亏掉本钱的不是别人，而是你！虽然外来的和尚会念经，但只有念本地经才是最明智的选择，才能赢得财富！

目前，世界上最大的华人眼镜连锁集团就是宝岛眼镜集团，该集团也是眼镜行业最早上市的公司之一。现在，执行董事王智民的主要任务就是拓展中国大陆市场。凭着多年来积蓄的实力，无论是从集团管理还是店面经营，甚至人事培训等方面，王智民都已经有了很成熟的经验，但是，这些经验模式拿到中国大陆市场上未必全都奏效。毕竟，中国大陆地域的辽阔、消费的差异甚至开放的程度与中国台湾都有很大差别。为了寻找一个突破口，王智民决定在武汉、天津、厦门各开一家眼镜店，也就是在华中、华北、华南各建立一个试点。

在中国大陆创业不久，令王智民头疼的问题就来了：中国台湾的医学院早已有了专门的视光学系，所以在"旧宝岛模式"中并不需要企业自己来培养专业人才。而在中国大陆不同，合适的专业人才很少，他们必须自己建立一套培训体系。对任何企业来说，建立一套培训体系都需要花费大量的人力、物力。王智民在这一点上相当坚持，始终秉承着父辈创业时"用专业的心，做专业的事"的理念，即使把大部分精力都花在培训上也在所不惜。于是，对每个新进的员工，宝岛都要花相当长的一段时间对其进行专业培训，合格后才能上岗。时至今日，当眼镜行业慢慢规范起来的时候，当很多不正规的眼镜店相继因为人才缺乏而退出市场的时候，宝岛眼镜的后劲就显现出来了。

在中国大陆创业取得成功后，王智民感慨道："在中国大陆考察后我才发现，大陆的市场地区性差异实在是太大了，不仅仅是南方市场和北方市场的消费习惯的差异，还有更多的是地方性政策的差异。所以，现在我们的管理模式基本上 80% 已经是成形的，但是另外的 20% 永远没办法突破。因为每到一个新的城市，就必须在原有的管理基础上作 20% 的改动以适应当地的市场环境，这 20% 永远是不可预知的，也是必须重新学习的。这是几年来宝岛眼镜在国内发展所总结出来的经验。"

一个善于经商的人一定要懂得到什么山上唱什么歌，因为市场是千变万化的，诸如政策、货源、销售、价格、天气等，都是会经常变化的。市场上的动态，随时会影响经营者的生意，打乱你原先的计划。因此，经营者必须随机应变，根据当时当地的实际情况，采取应急措施，减少损失，挽回败局。

开辟一个新市场，首先要了解当地的民俗民情，了解市场、投群众所好，根据消费者的需求开发新产品、建立新的营销渠道，绝不可拿相同的经营策略运用于新市场，否则，不仅不能赢利，甚至会赔了老本，可谓"赔了夫人又折兵"！

商场如战场，刀枪本无情，如果一个人在作战的中途倒下，则显示其生存的条件不够。而善于经商的特点就是头脑活，能准确地根据市场变化做出相应的调整，绝不在一种策略上吊死。

"迟人半步"PK"抢先一步"：慢者为王

生意场上，谁能抢先一步获得信息、抢先一步作出应对，谁就能捷足先登、独占商机。但是，速度太快易忙中出错，"抢"错了方向，"抢"错了时机，结果"赔了夫人又折兵"。有时，放慢脚步，比别人晚点行动，更易接近成功。

"商场如战场"，这句话在哪个时代都是真理，尤其在竞争异常激烈的现代社会。为了抢占市场份额，精明的商人总是想尽办法快人一步。在他们看来，如今比拼的就是速度——"快鱼吃慢鱼""抢占先机"是竞争获胜的不二法则。但是，任何事情都是辩证的，有时候反其道而行之，主动采取"迟人半步"的策略，也能在商战中克敌制胜。

在中国企业界，有一个"敢为天下后"的高手，他就是段永平。

1995年，段永平辞职下海，并于当年9月在东莞市创立广东步步高电子工业有限公司。在公司成立次年，段永平就出手8200万元夺得中央电视台一个黄金时段，以"股市又升了"这个广告拉动其无绳电话夺得全国市场份额第一名；在1998年和1999年央视的广告竞标中，步步高分别以1.59亿元和1.26亿元成为"标王"。当其他"标王"纷纷落马时，段永平还成功打造了另一个品牌"小霸王"。

段永平的营销能力得到广泛推崇，人们把他营销手法的特点概括为"敢为人后"。"敢为人后"就是甘心做跟随者，只进入成熟的市场，重视并利用先行者的经验，遵循他们已经采用的模式，自己不轻易进行新的尝试，以降低风险。

步步高是在VCD竞争最激烈的时候进入该领域的，很多人说这是夕阳产业，段永平则认为夕阳无限好，人多的地方往往最安全，虽然失去了市场先机，但有了前车之鉴，可以做得比先行者好。

先行者有些常见病，比如往往只注重打广告。段永平则会将该做的事情做好，在开拓市场时，做好每一个环节的工作，广告只是营销的一个环节，服务、品质等环节也要与之匹配。

步步高吸取的另一个教训是在多元化的问题上非常谨慎，段永平将自己定位为中小企业。

不仅是段永平，很多人在刚刚创业时都不具备"先人一步"的实力，更多的人是技术力量薄弱、资金不雄厚、技术人才缺乏，与其花费人力、财力、物力去盲目地和大企业争夺市场份额，不如在大企业占有"大市场"后，把自己定位为拾遗补阙的角色，占领相对稳定的"小市场"，从而脚踏实地地一步步发展自己。像这样成功的小企业，着重于赢利和拾遗补阙，而不是不自量力与大企业争夺市场份额，这对避免大企业的打压很有好处。另外，尽管小企业的市场占有率远远不及大企业，但利润率不见得低，甚至有可能超过大企业。

再者，主动迟人半步，可以让我们更清楚地看清竞争对手的弊端，趁机秀出自己。例如，在洗衣机市场上，海尔公司在开发新产品上念的就是"慢"字经，总跟在别人后面走。先静观市场，然后运用高新技术攻人之短。海尔连续推出了洗衣、脱水、烘干功能三合一的玛格丽特全自动洗衣机、小神童电脑波轮式全自动洗衣机等新品种，畅销全国。

总之，迟人半步不是消极等待，而是一种从实际出发的理性态度，是对自己与竞争对手之间存在的差距进行科学分析后做出的明智选择。从先行者的产品中吸取优点和长处，然后改正其缺点，在市场上唱出后发制人的好戏来。事实证明，有时采取"迟人半步"的策略，要比采纳"抢先一步"的战略富得快、赚得多。

只看重输赢，不懂得双赢

人类的发展充满战争与和平的轮换轨迹，这也是自然界竞争法则的一个缩影。商场如战场，虽然没有硝烟却危机四伏。企业要发展壮大，商人要追求利润，竞争自然不可避免。如何在竞争中获得机会，在发展中获得支持，在这方面，具有现代经营理念的李嘉诚为我们树立了榜样，他说："没有绝对的竞争，也没有绝对的合作，因为二者是可以转化的。"

李嘉诚从来不进行恶意竞争，不管这其中的利益有多大，他也从来不搞无原则的合作。在他这里，竞争往往成为合作的契机。

九龙仓不是仓库，而是我国香港最大的货运港，它是九龙货仓有限公司的产业，包括九龙尖沙咀、新界及港岛上的大部分码头、仓库，以及酒店、大厦、有轨电车和天星小轮。历史悠久，资产雄厚，可以说，谁拥有九龙仓，谁就掌握了我国香港大部分的货物装卸、储运及过海轮渡。但是一直以来，九龙仓的经营者坚持用自有资产兴建楼宇，只租不售，造成资金回流滞缓，使集团陷入财政危机。为解危机，大量出售债券套取现金，又使得集团债台高筑，信誉下降，股票贬值。李嘉诚非常看好这块宝地，他认为九龙仓是一块蒙了灰尘的宝玉，只要细心呵护，一定能够重新焕发光彩。基于这种考虑，李嘉诚一直不动声色地在收购九龙仓股票，买下约2000万股散户持有的九仓股，意欲进入九龙仓董事局。但不料九龙仓股被职业炒家炒高，九龙仓老板不甘示弱，组织反收购。与此同时，船王包玉刚也加入到收购行列。包玉刚是何方神圣？他可是大有来头，据1977年吉普逊船舶经纪公司的记录，世界十大船王排座次，包玉刚稳坐第一把交椅，船运载重总额1347万吨；他拥有50艘油轮，一艘油轮的价值就相当于一座大厦。真是财大气粗。

他的加入，一时间使得强手角逐，硝烟四起，逼得九龙仓向汇丰银行求救。于是汇丰大班沈弼亲自出马周旋，奉劝李嘉诚放弃收购九龙仓。李嘉诚考虑到日后长久的发展还期望获得汇丰的支持，即使不从长计议，如果驳了汇丰的面子，汇丰必贷款支持怡和，收购九龙仓将会是一枕黄粱，于是趁机卖了一个人情给汇丰银行大班，答应沈弼，鸣金收兵，不再收购。李嘉诚权衡得失，已胸有成竹，决定把球踢给包玉刚，预料包玉刚得球后会奋力射门——直捣九龙仓。

于是，我国香港开始上演一幕传奇故事。

1978 年 8 月底的一天下午，李嘉诚密会包玉刚，提出把手中的 1000 万股九龙仓股票转让给他。包玉刚略一思索，不禁感叹：这真是只有李嘉诚这样的脑袋才想得出来的绝妙主意！包玉刚在心里不禁暗暗佩服这位比自己小但精明过人的地产界新贵。

李嘉诚这一招可谓一箭双雕：从包玉刚这方面来说，他一下子从李嘉诚手中接收了九龙仓的 1000 万股股票，再加上他原来所拥有的部分股票，他已经可以与怡和洋行进行公开竞购。如果收购成功，他就可以稳稳地控制资产雄厚的九龙仓。而从李嘉诚这一方面来说，他把自己的九龙仓股票直接脱手给包玉刚，一下子可以获利数千万元。更为重要的是，他可以通过包玉刚搭桥，从汇丰银行那里承接和记黄埔的股票 9000 万股，一旦达到目的，和记黄埔的董事会主席则非李嘉诚莫属。

于是两个同样精明的人一拍即合，秘密地签订了一个对于双方来说都划算的协议：李嘉诚把手中的 1000 万股九龙仓股票以三亿多的价钱，转让给包玉刚；包玉刚协助李嘉诚从汇丰银行承接和记黄埔的 9000 万股股票。

表示自己退出"龙虎斗"，却通过包玉刚取得与汇丰银行合作的机会。在此番商战中，李嘉诚是最大的赢家。

曾有记者问他与包玉刚、汇丰银行合作成功的奥秘，李嘉诚表示：奥秘实在谈不上，他认为重要的是首先得顾及对方的利益，不可为自己的利益而与对方斤斤计较。对方无利，自己也就无利。要舍得让利使对方得利，这样，最终会为自己带来较大的利益。他还说母亲从小就教育他不要占小便宜，否则就没有朋友，他认为经商的道理也应该是这样的。

现代商人要信奉"商者无域，相容共生"的商业哲学。很多事实证明，竞争与合作相辅相成，不可分离。采用让利法则不仅实现了既得利益，还能够招来更多的合作伙伴，使你的财源滚滚而来。竞争与合作的平衡统一是获得成功的重要秘诀。

但是，商业合作必须有三大前提：一是双方必须有可以合作的利益，二是必须有可以合作的意愿，三是双方必须有共享共荣的打算。此三者缺一不可。

塞翁失马，焉知非福

在幸福与灾祸之间，我国古人已发现了它们的辩证关系，"塞翁失马，焉知非福"就是最好的例证。

古时有一老翁，住在两国的边境，不小心丢了一匹马，邻居们都认为是件坏事，替他惋惜。老翁却说："你们怎么知道这不是件好事呢？"众人听了之后大笑，认为老翁丢马后急疯了。几天以后，老翁丢的马自己跑了回来，而且还带回来一群马。邻居们看了，都十分羡慕，纷纷前来祝贺这件从天而降的大好事。老翁却板着脸说："你们怎么知道这不是件坏事呢？"大伙听了，哈哈大笑，都认为老翁是被好事乐疯了，连好事坏事都分不出来。果然不出所料，过了几天，老翁的儿子骑马玩，一不小心把腿摔断了。众人都劝老翁不要太难过，老翁却笑着说："你们怎么知道这不是件好事呢？"邻居们都糊涂了，不知老翁是什么意思。事过不久，发生战争，所有身体好的年轻人都被拉去当了兵，派到最危险的前线去打仗。而老翁的儿子因为腿摔断了未被征用，他在家乡大后方安全幸福地生活。

这就是老子的《道德经》所宣扬的一种辩证思想。基于这种辩证关系，便可以明白，即使是看起来很"吃亏"的事，也能带来意想不到的好处。

生活中总有这样的人，他们做事时一门心思考虑不能便宜了别人，却忽视了于自己是否有利。所以做事要有智慧，不要怕"便宜"了别人，"便宜"别人又得益自己，何乐而不为呢？

真正聪明的人，总是能从吃亏当中学到智慧。"吃亏是福"是一种哲学，更是一种智慧，其前提有两个，一个是知足，另一个就是安分。知足则会对一切都感到满意，对所得到的一切充满感激之情；安分则使人从来不奢望那些根本就不可能得到的或者根本就不存在的东西。没有妄想，也就不会有邪念。所以，表面上看来"吃亏是福""知足""安分"有不思进取之嫌，但是，这些思想也是在教导人们如何成为有清醒认识的人。

不要因为吃一点亏而斤斤计较，开始时吃点亏，是为以后的不吃亏打基础，不计较眼前的得失是为了将来不必患得患失。只有那些没有智慧的人才总怕便宜了别人，到头来吃亏的反而是自己。

舍小谋大的智慧

人非圣贤，谁都无法抛开七情六欲。但是，要成就大业，就得分清轻重缓急，该舍的就得忍痛割爱，该忍的就得从长计议。

刘邦与项羽在称雄争霸、建立功业上，就表现出了不同的态度，最终也得到了不同的结果。苏东坡在评判楚汉之争时就说，项羽之所以会败，就因为他不能忍，不愿意吃亏，白白浪费自己百战百胜的勇猛；汉高祖刘邦之所以能胜，就在于他能忍，懂得吃亏，养精蓄锐，等待时机，直攻项羽弊端，最后夺取胜利。他们平日的为人处世之不同自不待说，楚汉战争中，刘邦的实力远不如项羽。当项羽听说刘邦已先入关，怒火冲天，决心要将刘邦的兵力消灭。当时项羽四十万兵马驻扎在鸿门，刘邦十万兵马驻扎在霸上，双方只隔四十里，兵力悬殊，刘邦危在旦夕。在这种情况下，刘邦先是请张良陪同去见项羽的叔叔项伯，再三表白自己没有反对项羽的意思，并与之结成儿女亲家，请项伯在项羽面前说句好话。然后，第二天一清早，又带着随从，拿着礼物到鸿门去拜见项羽，低声下气地赔礼道歉，化解了项羽的怨气，缓和了他们之间的关系。表面上看，刘邦忍气吞声，项羽挣足了面子，实际上刘邦以小忍换来自己和军队的安全，赢得了企业发展和壮大力量的时间。

在今天的现实生活中，我们不一定会遇到这样的敌我关系，但无论在怎样的条件下，懂得"吃亏"是一种隐性投资。

懂得与人分享，让自己也幸福

俗语说："赠花予人，手上留香！"学会付出是美好人性的体现，同时也是一种处世智慧和快乐之道。幸福犹如香水，你不可能洒向别人时自己却一滴不沾。学会分享、给予和付出，你会感受到舍己为人，不求任何回报的快乐和满足。

在生活中，超越狭隘、帮助他人、撒播美丽、善意地看待这个世界……快乐、幸福和丰收会时时与我们相伴。正如罗曼·罗兰所言："快乐和幸福不能靠外来的物质和虚荣，而要靠自己内心的高贵和正直。"

贝尔太太是美国一位有钱的贵妇，她在亚特兰大城外修了一座花园。花园又大又美，吸引了许多游客，他们毫无顾忌地跑到贝尔太太的花园里游玩。

年轻人在绿草如茵的草坪上跳起了欢快的舞蹈；小孩子扎进花丛中捕捉蝴蝶；老人蹲在池塘边垂钓；有人甚至在花园当中支起了帐篷，打算在此度过他们浪漫的盛夏之夜。贝尔太太站在窗前，看着这群快乐得忘乎所以的人们，看着他们在属于她的园子里尽情地唱歌、跳舞、欢笑。她越看越生气，就叫仆人在园门外挂了一块牌子，上面写着：私人花园，未经允许，请勿入内。可是这一点也不管用，那些人还是成群结队地走进花园游玩。贝尔太太只好让她的仆人前去阻拦，结果发生了争执，有人竟拆走了花园的篱笆墙。

后来贝尔太太想出了一个主意，她让仆人把园门外的那块牌子取下来，换上了一块新牌子，上面写着：欢迎你们来此游玩，为了安全起见，本园的主人特别提醒大家，花园的草丛中有一种毒蛇。如果哪位不慎被蛇咬伤，请在半小时内采取紧急救治措施，否则性命难保。最后告诉大家，离此地最近的一家医院在威尔镇，驱车大约 50 分钟即到。

这真是一个绝妙的主意，那些贪玩的游客看了这块牌子后，对这座美丽的花园望而却步了。

可是几年后，有人再往贝尔太太的花园去，却发现那里因为园子太大，走动的人太少而真的杂草丛生，毒蛇横行，几乎荒芜了。孤独、寂寞的贝尔太太守着她的大花园，她非常怀念那些曾经来她的园子里玩的快乐的游客。

篱笆墙是农家用来把房子四周的空地围起来的类似栅栏的东西，有的上面还有荆棘，不小心碰上会扎入皮肤。篱笆墙的存在是向别人表示这是属于自己的"领地"，要进入必须征得自己的同意。贝尔太太用一块牌子为自己筑了一道特别的"篱笆墙"，随时防范别人的靠近——这道看不见的篱笆墙就是自我封闭的"心墙"。

不懂得与他人分享的自我封闭者，就像契诃夫笔下的装在套子中的人一样，把自己严严实实地包裹起来，因此很容易陷入孤独与寂寞之中。他们在封闭自己的同时，也把快乐和幸福封闭在外面。

每个人心中都有一座幸福的大花园。如果我们愿意让别人在此种植幸福，同时也让这份幸福滋润自己，那么我们心灵的花园就永远不会荒芜。

吃小亏得大利，才是真聪明

这个世界上，谁都不愿意做亏本的生意。最先尝到甜头的人未必到最后也饱尝硕果，倒是最先吃亏的人最后占了大便宜。

东汉时期，有一个名叫甄宇的在朝官吏，时任太学博士。他为人忠厚，遇事谦让，人缘极好。有一年临近除夕，皇上赐给群臣每人一只外番进贡的活羊。

具体分配时，负责人为难了：因为这批羊有大有小，肥瘦不均，难以分发。大臣们纷纷献策：

有人主张抓阄分羊，好坏全凭运气。

有人主张把羊通通杀掉，肥瘦搭配，人均一份。

……

朝堂上像炸开了锅，七嘴八舌争论不休。这时，甄宇说话了："分只羊有这么费劲吗？我看大伙儿随便牵一只羊走算了。"说完，他率先牵了最瘦小的一只羊回家过年。

众大臣纷纷效仿，羊很快被分发完毕，众人皆大欢喜。

此事传到光武帝耳中，甄宇得了"瘦羊博士"美誉，称颂朝野。不久在群臣推举下，他又被朝廷提拔为太学博士院院长。

甄宇牵走了小羊，从表面上看他是吃了亏，但是，他得到了群臣的拥戴，皇上的器重。实际上，甄宇是占了大便宜。故意吃亏不是亏，而是有着深谋远虑的精明之举。

然而，在生活中，一些人的目光只会停留在眼前的利益上，无论做什么都不舍得一分一厘，只求自己独吞利益，常常因一时赚得小利，而失去了长远之大利，可谓"捡了芝麻，丢了西瓜。"

人生中，是看到眼前的比较直接的小利益，还是把眼光放长远一些，发现更大、但可能比较隐蔽的大利益呢？这可是个很大的学问。要学会不做亏本的买卖，更要通过吃小亏赚大利，这才是智者的智慧。

斯未尔诺夫伏特加酒厂的经理休布兰是一位踌躇满志的企业家。他在 20 世纪 60 年代遭到了沃尔夫施密特酿酒厂全力以赴的进攻。这种进攻，以价格来决定胜负。沃尔夫施密特酒每瓶价格比斯未尔诺夫伏特加便宜一美元。很明显，市场霸主在受到挑战后处于相当不利的地位：如果降价，就会损失大量的利润。如果不降价，那么它原有的销售额就会被降价的对手逐渐夺去，结果也是利润下降。

怎么办呢？休布兰对沃尔夫施密特酿酒厂的进攻佯装不知，反而把斯米尔诺夫酒的价格提高了一美元，使它每瓶比沃尔夫施密特酒贵二美元，以"显示"他卖的酒确实是一种"更好的"伏特加，让对手任意降价抛售。然后，休布兰又出了两种新牌子酒：一种伏特加的价格和沃尔夫一样，另一种则比它便宜一美元。

这样，休布兰很快扭转了局势，继续控制了市场，而且销路增加很快，当年出售733万箱。而沃尔夫施密特呢？仅卖出126万箱，仅为前者的1/6。

变通之人善于从"吃亏"中明哲保身。

从前，有位商人狄利斯和他长大成人的儿子一起出海旅行。他们随身带上了满满一箱子珠宝，准备在旅途中卖掉，但是没有向任何人透露这一秘密。一天，狄利斯偶然听到了水手们在交头接耳。原来，他们已经发现了他们的珠宝，并且正在策划着谋害他们父子俩，以掠夺这些珠宝。

狄利斯听了之后大吃一惊，他在自己的小屋内踱来踱去，试图想出个摆脱困境的办法。儿子问他出了什么事情，狄利斯于是把听到的全告诉了他。"同他们拼了！"儿子断然道。

"不，"狄利斯回答说，"他们会制服我们的！""那把珠宝交给他们？""也不行，他们还会杀人灭口的。"

过了一会儿，狄利斯怒气冲冲地冲上了甲板，"你这个笨蛋儿子！"他叫喊道，"你从来不听我的忠告！""老头子！"儿子叫喊着回答，"你说不出一句值得我听进去的话！"当父子俩开始互相谩骂的时候，水手们好奇地聚集到周围。狄利斯突然冲向他的小屋，拖出了他的珠宝箱。"忘恩负义的儿子！"狄利斯尖叫道，"我宁肯死于贫困也不会让你继承我的财富！"说完这些话，他打开了珠宝箱，水手们看到这么多的珠宝时都倒吸了口凉气。狄利斯又冲向了栏杆，在别人阻止他之前将他的宝物全都投入了大海。

过了一会儿，狄利斯父子俩都目不转睛地注视着那只空箱子，然后两人躺倒在一起，为他们所干的事而哭泣不止。后来，当他们俩人单独待在小屋时，狄利斯说："我们只能这样做，孩子，再也没有其他的办法可以救我们的命！"

"是的，"儿子答道，"您这个法子是最好的了。"

轮船驶进了码头后，狄利斯同他的儿子匆匆忙忙地赶到了城市的地方法官那里。他们指控水手们的海盗行为犯了"企图谋杀罪"，法官逮捕了那些水手。法官问水手们是否看到狄利斯把他的珠宝投入大海，水手们都一致说看到过。法官于是判决他们都有罪。法官问道："什么人会抛弃掉他一生的积蓄而不顾呢？只有当他面临生命的危险时才会这样去做吧？"水手们只得赔偿狄利斯的珠宝，法官因此饶了他们的性命。

不善变通的人，不愿意吃亏，往往招致的是不愉快的后果。

因此，我们在生活中要有不怕吃小亏的精神。

让一步，收获更大

你知道吗？你所有的思想及言行，造就了全部的你。为他人提供良好的服务，善意地对待他人，对自己一定会有帮助；斤斤计较，吹毛求疵，处心积虑地伤害别人，自己也得不到内心的宁静。

在狭窄的路上行走，要留一点余地给别人走；羊肠小道两个人互相通过时，如果争先恐后，两人都有坠入深谷的危险，在这种情况下先停住脚步让对方过去，才是有礼貌、最安全的做法。

遇到美味可口的饭菜时，要留出三分让给别人吃，这才是一种美德。路留一步，味留三分，是提倡一种谨慎的利世济人的方式。在生活中，除了原则问题必须坚持外，对小事，个人利益互相谦让就会让自己身心愉快。

一天，一户人家来了远方造访的客人，父亲让儿子上街去购买酒菜，准备请客，没想到儿子出门许久都没回来，父亲等得不耐烦了，于是自己就上街去看个究竟。

父亲快到街上的便桥时，发现儿子在桥头和另一个人正面对面地僵持站在那儿，父亲就上前询问："你怎么买了酒菜不马上回家呢？"

儿子回答说："老爸，你来得正好，我从桥这边过去，这个人坚持不让我过去，我现在也不让他过来，所以我们两个人就对上了。看看究竟谁让谁！"

父亲听了儿子的一席话，就上前声援道："你先把酒菜拿回去给客人享用，这儿让爸爸来跟他对一对，看看究竟谁让谁！"

在社会上，无论说话也好，做事也好，好多人不肯给别人留一点余地，不愿给别人一点空间，到处有这对父子的影子，往往只为了"争一口气"，本来没有什么大不了的小事，非要大费周折，互不让步，结果小事变大事，甚至搞得两败俱伤，何苦呢？

人在世间若是不能忍受一点闲气，不肯给人方便，让人一步，往往使自己到处碰壁，到处遭遇阻碍，不肯给人方便，结果自己到处不方便。

如果一个人平常在语言上让人一句，在事情上留有余地，肯让人一步，收获就会更大。

人情翻覆似波澜。今天的朋友，也许将成为明天的对手；而今天的对手，也可能成为明天的朋友。世事如崎岖道路，困难重重，因此，走不过去的地方不妨退一步，让对方先过，就是宽阔的道路也要给别人三分便利。这样做，既是为他人着想，又能为自己留条后路，多一个朋友多一条路。

做人要圆融变通，就要学会"让"的艺术，让人一步有时能让你获得意想不到的好效果。

眼光放远，吃眼前亏换长远利

人们总喜欢用"鼠目寸光"来形容那些没有长远眼光的人，这是很有道理的。有时候为环境所迫，就必须要吃"眼前亏"，否则可能要吃更大的亏。

一天，狮子建议 9 只野狗同它一起合作猎食。它们打了一整天的猎，一共逮了 10 只羚羊。狮子说："我们得去找个英明的人，来给我们分配这顿美餐。"

一只野狗说："一对一就很公平。"狮子很生气，立即把它打昏在地。

其他野狗都吓坏了，其中一只野狗鼓足勇气对狮子说："不！不！我的兄弟说错了，如果我们给您 9 只羚羊，那您和羚羊加起来就是 10 只，而我们加上一只羚羊也是 10 只，这样我们就都是 10 只了。"

狮子满意了，说道："你是怎么想出这个分配妙法的？"野狗答道："当您冲向我的兄弟，把它打昏时，我就立刻增长了这点儿智慧。"

俗话说，"好汉不吃眼前亏"，可是寓言中说的则是好汉要懂得在不利于自己的形势之下吃点亏。倘若野狗们坚持一对一地分配羚羊，它们极有可能会激怒狮子，不仅吃不了羚羊，甚至有可能断送了生命。而第二只野狗的做法，不仅保全了自己，还为以后能继续和狮子一起猎食提供了保障。

所以说要眼光放远，敢于吃"眼前亏"，因为"眼前亏"不吃，可能要吃更大的亏。

一个人实力微弱、处境困难的时候，也是最容易受到打击和欺侮的时候。在这种情况下，人的抗争力最差，如果能避开大劫也算很幸运了。假如此时遭到他人过分的"待遇"，最好是"退一步海阔天空"，先吃一下眼前亏，立足于"留得青山在，不怕没柴烧"，用"卧薪尝胆，待机而动"作为忍耐与发奋的动力。

所以，当碰到对自己不利的环境时，千万别逞血气之勇，也千万别认为"士可杀不可辱"，宁可吃吃眼前亏。

吃糊涂亏，积无量福

从表面上来看，吃亏，意味着舍弃与牺牲。其实，强调"吃亏是福"，是寄托长远的清醒，也是心安理得、心境平和的自在，是吃小亏避大亏的智慧。

路径窄处，留一步与人行；滋味浓处，减三分让人尝。特别当残酷的现实需要我们做出舍弃与牺牲时，如果我们能够坦然处之，吃"眼前亏"，能舍弃和牺牲某些利益，学会"糊涂"不去计较吃这样的亏会让我们的生活静好，来去自如。

常言道："人吃亏，人常在。"吃亏不是不求索取，不是没有追求，不是无所作为，而是一种坦然，坦然面对理性中的得失和追求；是一种超越，超越追名逐利而仍然保持的宁静和明智。如果在得失面前保持一种超然的心态、淡泊的情怀，就会多一分清醒、多一分思考、多一分期待、多一分追求。因此，吃亏也是一种修养、一种气质、一种境界。反之，一点亏也吃不得，处处想占便宜的人，虽然处处争得自身利益，争得高高在上，最终则必将众叛亲离，孤立无援，为众人所遗弃。当然，我们并不主张做浑浑噩噩、不知所为的庸者，但我们要在收获与付出、得与失的理性中去赢取团结合作的氛围。因此只有不怕吃亏的人，才能与人和谐共处，才能赢得众心归，才能有权威，才能有所作为。

在实际生活中，越是不肯吃亏的人，越是可能吃亏，而且往往还会多吃亏，吃大亏。这是不以人的意志为转移的规律。那些贪官不甘心吃亏，面对金钱的诱惑，他们无法克制自己，为了满足自己的欲望，把人民给予的权力，用来牟取私利，当作自己的生财之道。到头来为了一个"贪"字，葬送了自己的一切。

所以说，天底下没有免费的午餐，同样也没有白吃的亏。吃亏就是耕耘，为了希望种子的撒播；吃亏就是播种，为了夏季艳丽的花朵；吃亏就是浇灌，为了秋天丰硕的收获！

"吃亏是福"，是一种达观和大度，内中蕴含着丰富的人生哲理，不仅仅需要细细咀嚼，更要努力实践。如果真能做到，人生定会有一道色彩斑斓的亮丽风景，身在其中，其乐融融、其福无穷。

第六章　懂得放弃，有舍才能有得

十字路口选择一方

人生总是有失有得，不做选择，会注定什么都失去，选择了，就不要后悔，大踏步地向前走，人不可能什么都得到，有舍才能有得。一部电视剧或者一部电影之所以感人不在于男女主人公的痛哭流涕，而在于故事里男女主人公的痛苦抉择，在抉择中放弃，在痛苦中永生。

著名的禅师南隐说过，不能学会适当放弃的人，将永远背着沉重的负担。生活中有舍才有得，如果我们只抓住自己的东西不放，什么都不愿放弃，结果就可能什么也得不到。

马涛11岁那年，一有机会便去湖心岛钓鱼。在鲈鱼钓猎开禁前的一天傍晚，他和妈妈又早早来钓鱼。安好诱饵后，他将鱼线一次次甩向湖心，湖面在落日余晖下泛起一圈圈的涟漪。忽然钓竿的另一头沉重起来。他知道一定有大家伙上钩，急忙收起鱼线。终于，孩子小心翼翼地把一条竭力挣扎的鱼拉出水面。好大的鱼啊，它是一条鲈鱼。

月光下，鱼鳃一吐一纳地翕动着。妈妈打亮小电筒看看表，已是晚上10点——但距允许钓猎鲈鱼的时间还差两个小时。

"你得把它放回去，儿子。"母亲说。

"不！妈妈！"孩子哭了。

"还会有别的鱼的。"母亲安慰他。

"再没有这么大的鱼了。"孩子伤感不已。

他环视了四周，已看不到一个鱼艇或钓鱼的人，但他从母亲坚决的脸上知道无可更改。暗夜中，那鲈鱼抖动笨重的身躯慢慢游向湖水深处，渐渐消失了。

这是很多年前的事了，后来马涛成为了有名的建筑师。他确实没再钓到那么大的鱼，但他却为此终生感谢母亲。因为他通过自己的诚实、勤奋、守法，猎取到生活中的大鱼——事业上的成绩斐然。

放弃，意味着重新获得。要想让自己的生活过得简单一些，就要放弃一些功利、应酬，以及工作上的一些成就，只有放弃一些生活中不必要的牵绊，才能够让生活真正简单起来。

选择总在放弃之后

中国有句老话：有所不为才能有所为。去除那些负担的东西，停止做那些无味的事情。只有这样，才能更好地把握自己的生活。

见到房东正在挖屋前的草地，一个房客有点不相信自己的眼睛："这些草你要挖掉吗？它们是那么漂亮，而你又花了多少心血呀！""是的，问题就在这里。"他说，"每年春天我要为它施肥、透气，夏天又要浇水、剪割，秋天还要再播种。这草地一年要花去我几百个小时，谁会用得着呢？"

现在，房东在原先的草地上种上了一棵棵柿子树，秋天里挂满了一只只红彤彤的小灯笼，可爱极了。这柿子树不需要花什么精力来管理，使他可以空出时间干些他真正乐意干的事情。

选择总在放弃之后。明智之人在做出一项选择之前总会先把自己要放弃的找出来，并果断地将之放弃。例如，当你决定要健康的时候，你就要放弃睡懒觉，放弃巧克力糖，放弃零食……当你要享受更轻松的生活时，你就要放弃一些工作上的琐事和无休止的加班，等等。总之，要选择简单生活，你就要首先决定放弃什么。

很多时候我们希望选择，但是我们却不愿意放弃，例如感情。有些人选择了新的感情，却不愿意放弃旧的感情，因为不甘心，不甘心自己曾经得到而又失去。但假如要放弃新的感情自己又不愿意，于是不仅折磨自己，又折磨别人。人生总是有失有得，所以，要选择新的生活必须懂得放弃，不舍得放弃的人只能生活在旧梦里，而永远不会得到新的幸福。

每个人必须问自己："为了能够更有效、更简单地生活，我必须放弃哪些事情？为了使我的生活更简单，我必须停止哪些事情？"当你能够以这样的思考模式来转换你的思想，来改善你的行动方案时，你就会轻松地放弃很多不必要的事情，让自己过上轻松、简单、健康的生活。

舍弃，心不累

现今社会是一个科技发达、物质丰富、充满竞争的社会，我们心中的欲望，常被挑逗得像是看见红色斗篷的公牛。他人暴富的经历，让我们血脉贲张，跃跃欲试；时尚名牌漫天飞，哪能心如止水；美女香车招摇过，你的心早已蠢蠢欲动；更不能忍受的是别墅洋房的诱惑……因此，太多的时候，我们会被世上的名利、金钱、物质所迷惑，心中只想得到，只想将其统统归于己有，而不想舍弃。于是心中就充满了矛盾、忧愁、不安，心灵上就会承受很大的压力，以至于活得很累、很累。

据说上帝在创造蜈蚣时，并没有为它造脚，但是它可以爬得像蛇一样快。有一天，它看到羚羊、梅花鹿和其他有脚的动物都跑得比自己快，心里很不高兴，便嫉妒地说："哼！脚多，当然跑得快。"于是它向上帝祷告说："上帝啊，我希望拥有比其他动物更多的脚。"

上帝答应了蜈蚣的请求，他把好多好多的脚放在蜈蚣面前，任凭它自由取用。蜈蚣迫不及待地拿起这些脚，一只一只地往身体上粘，从头一直粘到尾，直到再也没有地方可粘了，它才依依不舍地停止。

它心满意足地看着满是脚的躯体，心中暗暗窃喜："现在我可以像箭一样地飞出去了！"但是等它开始要跑时，才发觉自己完全无法控制这些脚。这些脚噼里啪啦地各走各的，它非得全神贯注，才能使一大堆脚顺利地往前走。这样一来它反而比以前走得慢了。

人不能没有欲望，没有欲望就没有前进的动力，但如果不舍弃过度的欲望，就会陷入欲望的沟壑，就会给你带来无穷无尽的烦恼和麻烦。

生命属于个人，每个人都有权利设计自己的生活和人生道路。所有的心愿，只要符合法律和道德的要求，都应该受到尊重。但是我们必须明白：生命的过程中，想让自己的人生得以升华，就必须舍弃这些"身外之物"，去追求淳朴的生活，这样才能活得惬意，活得洒脱。

舍小利，求大利

两个贫苦的樵夫靠上山捡柴糊口。有一天，他们在山里发现两大包棉花，两人喜出望外。棉花的价格高过柴薪数倍，将这两包棉花卖掉，足可让家人一个月衣食无忧。当下两人各自背了一包棉花，便赶路回家。

走着走着，其中一名樵夫眼尖，看到山路上有一大捆布，走近细看，竟是上等的细麻布，足足有十多匹之多。他欣喜之余，和同伴商量，一同放下肩负的棉花，改背麻布回家。

他的同伴却有不同的想法，认为自己背着棉花已走了一大段路，到了这里又丢下棉花，岂不枉费自己先前的辛苦，坚持不愿换麻布。先前发现麻布的樵夫屡劝同伴不听，只得自己竭尽所能地背起麻布，继续前行。

又走了一段路后，背麻布的樵夫望见林中闪闪发光，待近前一看，地上竟然散落着数坛黄金，心想这下真的发财了，赶忙邀同伴放下肩头的麻布及棉花，改用挑柴的扁担来挑黄金。

他的同伴仍是那套不愿丢下棉花以免枉费辛苦的想法，并且怀疑那些黄金不是真的，劝他不要白费力气，免得到头来一场空欢喜。

发现黄金的樵夫只好自己挑了两坛黄金，和背棉花的伙伴赶路回家。走到山下时，无缘无故下了一场大雨，两人在空旷处被淋了个湿透。更不幸的是，背棉花的樵夫肩上的大包棉花，吸饱了雨水，重得完全无法再背动。那樵夫不得已，只能丢下一路辛苦舍不得放弃的棉花，空着手和挑金子的同伴回家去。

只有放弃眼前利益，才能获得长远大利——要想成功，就要学会放弃。

为了更好的明天，放弃眼前的小利，只有勇于舍弃的人才是有智慧的人——成功者永远是高瞻远瞩的人。

失去火把也会有光明

失去了火把并不意味着死亡，往往是失去火把的人最先看到一道光亮。

有个匪徒跟踪一个珠宝商人来到了大山里，一路上他总是没有机会下手。到了大山里，四周没有一个人，匪徒终于找到了下手的好机会，他立刻拦住了珠宝商人的去路。

面对劫匪，商人的第一个反应就是立即逃跑。于是，一个拼命逃亡，另一个穷追不舍。走投无路的商人钻进了一个山洞里，匪徒也跟了进去。在山洞里，匪徒抓住了商人，不但抢了他的珠宝，连商人准备用于夜间照明的火把也抢去了。

那个匪徒还算没有丧心病狂，他只图财没有害命。之后，两个人各自寻找山洞的出口。山洞里黑极了，没有一丝光亮。匪徒庆幸自己把商人的火把抢来了，要不然到死也走不出这个纵横交错的山洞。他将火把点燃，借着火把的亮光在洞中行走。火把给他的行走带来了方便，他能看清脚下的石块，能看清周围的石壁，因而他不会碰壁，不会被石块绊倒。但是他始终没有走出这个山洞，最后饿死在山洞里面了。

商人失去了火把，心里想着自己将要永远留在这个山洞里了，但是他又不甘心。没有了光亮，他就在黑暗中摸索着前进，头不时碰在坚硬的石壁上，身体不时被石块绊倒，跌得鼻青脸肿。但是，过了一段时间，从远处射过来一丝光亮，那正是山洞的出口。

原来正是因为他置身于一片黑暗之中，所以才能看见这抹细微的光亮。他迎着这缕微光摸索爬行，最终逃离了山洞。

在黑暗中摸索的人最终走出了黑暗，有火把照明的人却永远留在了黑暗的山洞中。这并不奇怪，世间有很多事情都遵循这样的道理。

许多在困难中挣扎的人经过艰苦的拼搏终于取得了成功，而衣食无忧的人却最终一事无成。为了实现自己的梦想，有时需要我们舍弃一些东西，尽管它看起来是我们不可缺少的，可是，也许缺少了它会让你的眼睛更加明亮，更容易看到成功的机会。

舍是一种勇气

有个人在沙漠中穿行，遇到沙尘暴，迷失了方向。

两天后，烈火般的干渴几乎摧毁了他生存的意志。沙漠就像一座极大的火炉要蒸干他的血液。绝望中的他意外地发现了一幢废弃的小屋，他拼足了最后的气力，才拖着疲惫不堪的身子，爬进了堆满枯木的小屋。定睛一看，枯木中隐藏着一架抽水机，他立刻兴奋起来，拨开枯木，上前汲水，但折腾了好大一阵子，也没能抽出半滴水来。

绝望再一次袭上心头，他颓然坐地，却看见抽水机旁有个小瓶子，瓶口用软木塞堵着，瓶上贴了一张泛黄的字条，上边写着：你必须用水灌入抽水机才能引水！不要忘了，在你离开前，请再将瓶子里的水装满！

他拨开瓶塞，望着满瓶救命的水，早已干渴的内心立刻爆发了一场生死决战：我只要将瓶里的水喝掉，虽然能不能活着走出沙漠还很难说，但起码能活着走出这间屋子！倘若把瓶中唯一救命的水倒入抽水机内，或许能得到更多的水，但万一汲不上水，我恐怕连这间小屋也走不出去了……

最后，他还是把整瓶水全部灌入那架破旧不堪的抽水机，接着用颤抖的双手开始汲水……水真的涌了出来！他痛痛快快地喝了一顿，然后把瓶子装满，用软木塞封好，又在那泛黄的字条后面写上：相信我，真的有用。

几天后，他终于穿过沙漠，来到绿洲。每当回忆起这段生死历程，他总要告诫后人：在取得之前，要先学会付出。

人生中，在通往成功和富足的路上，我们往往并不是缺少获得扶持的机遇，而是无法好好把握。正如上面故事中的那个人，如果喝光了瓶中的水，他永远也看不到抽水机里奔涌出来的水，究竟字条上说的是真还是假，恐怕他到死也无法断定。

放弃是一种智慧

放弃，是一种智慧，是一种豁达，它不盲目，不狭隘。

放弃，对心境是一种宽松，对心灵是一种滋润，它驱散了乌云，清扫了心房。有了它，人生才能有爽朗坦然的心境；有了它，生活才会阳光灿烂。

人的一生很短暂，有限的精力不可能方方面面都能顾及，而世界上又有那么多炫目的精彩，这时候，放弃就成了一种大智慧。放弃其实是为了得到，只要能得到你想得到的，放弃一些对你而言并不必需的"精彩"，又有什么不可以呢？

放弃是一种睿智。尽管你的精力过人、志向远大，但时间不容许你在一定时间内同时完成许多事情，正所谓："心有余而力不足。"所以，在众多的目标中，我们必须依据现实，有所放弃，有所选择。

如果在放弃之后，烦乱的思绪梳理得更加分明，模糊的目标变得更加清晰，摇摆的心变得更加坚定，那么放弃又有什么不好呢？

生活中，不堪重负就归零。归零就是清除所有的东西，放弃一切，从零开始。有时候归零是那么难，因为每一个要被清除的数字都代表着或物质或精神上的某种意义；有时候归零又是那么容易，只要单击键盘上的删除键就可以了。

人生总要面临许多选择，也要做出许多放弃。要学会选择，首先就要学会放弃。放弃是为了更好地调整自我，准备良好的心态向目标靠近。特别是在现代社会中，竞争日趋激烈，每个人的生存压力也越来越大，于是每个人都身不由己地变得"贪心"。追求愈多，失望也愈大，所以一定要保持一个清醒的头脑，作好人生的取舍。

舍鱼而取熊掌

"鱼，我所欲也；熊掌，亦我所欲也，二者不可得兼，舍鱼而取熊掌者也。"当我们面临选择时，必须学会放弃。放弃，并不意味着失败。就像下围棋一样，虽然放弃了小的利益，但得到的却是更大的利益。但如果想兼得"鱼和熊掌"，恐怕连鱼也得不到了。

在我们的生命中会长出一些杂草，侵蚀我们美丽丰富的人生花园，破坏我们幸福家园的田地。我们要学会将这些杂草铲除，放弃不适合自己的职业，放弃异化扭曲自己的职位，放弃暴露你的弱点、缺陷的环境和工作，放弃实权虚名，放弃人事纷争，放弃变了味的友谊，放弃失败的爱情，放弃破裂的婚姻，放弃没有意义的交际应酬，放弃坏的情绪，放弃偏见、恶习，放弃不必要的忙碌、压力。

除掉我们人生田地和花园里的杂草害虫，我们才有机会同真正有益于自己的人和事亲近，才会获得适合自己的东西。只有这样，我们才能在人生的土地上播下良种，致力于有价值的耕种，最终收获丰硕的果实，采摘到美丽的花朵。

要想采一束清新的山花，就得放弃城市的舒适；要想做一名登山健儿，就得放弃娇嫩白净的肌肤；要想穿越沙漠，就得放弃咖啡和可乐；要想获得掌声，就得放弃眼前的虚荣。梅、菊放弃安逸和舒适，才能得到笑傲霜雪的艳丽；大地放弃绚丽斑斓的黄昏，才会迎来旭日东升的曙光；春天放弃芳香四溢的花朵，才能走进硕果累累的金秋；船舶放弃安全的港湾，才能在深海中收获满船鱼虾。

之所以举步维艰，是背负太重；之所以背负太重，是你还没学会放弃。放弃了烦恼，你便与快乐结缘；放弃了利益，你便步入超然的境地。

不舍，留下的是负担

人生是一部选择的历史。

从我们来到这个世界，就在不停地进行着各种各样的选择。在选择中我们作出取舍，在放弃中我们走向成熟。在你呱呱坠地时，你就选择了声音，放弃了沉默。当你第一次背上书包，跨进学校的大门，你就选择了知识，抛弃了愚昧。当你与一见钟情的他相遇后，更是反复经受着选择的折磨。大学毕业后，是继续深造，还是参加工作？你需要选择。是留在父母身边，还是去异地发展？你需要选择。是留在国内深造，还是出国求学？你需要选择——你无时不在选择中！

生活中，如果你想过得比别人好，你就必须学会选择。具备这样的能力，就需要你明确人生的目标，知道自己需要什么，并且迫切渴望达到这一目的。对目标游移不定，只会让你前功尽弃、一无所获。

正是因为人的欲望永远无法得到满足，所以我们不可能不去放弃。不去放弃，留给自己的只能是心灵的重负和梦幻缥缈的伤痛。放弃，虽然意味着某种失去，意味着难言的割舍，也意味着伤感和愁绪，但是，放弃也正是为了前方路上更美的相遇，为了明天更加宝贵的撷取。

道不欲杂

《庄子·人间世》中说："夫道不欲杂，杂则多，多则扰，扰则忧，忧而不救。"这里提及的"道"不是形而上学的道，而是人生的大原则。生于天地，立于人世，不管做哪一行，无论做任何事，都要精神专一，有始有终。人想得自在，必须一门深入，方法勿杂。方法多了，智慧不及，不能融会贯通，反而一无所成。

昭文、师旷、惠子这三位音乐巨匠，其音乐造诣已达到入道的境界，正所谓"此曲只应天上有，人间哪得几回闻"。他们音乐成就的登峰造极源于其个人所"好"。任何学问，任何东西，"知之者，不如好之者"。专注于心，必有所成。留名万世的学有专长之人，都是由于其对某一领域有所偏好，专注于心，穷根究底，终于"守得云开见月明"。

博而不专，三心二意，是人们的通病。《荀子·劝学》《礼记·劝学》以及东汉蔡邕《劝学篇》中都提到了一种小动物——"多才多艺"而又样样"稀松平常"的鼯鼠。

"鼯鼠五能不能成一技。五技者，能飞不能上屋，能缘不能穷木，能泅不能渡渎，能走不能绝人，能藏不能覆身是也。"能飞却飞不过屋顶，能攀而攀不上树梢，能游而游不过小水沟，能跑而赶不上人走，能藏而不能"覆身"——这就是五技而穷的鼯鼠的悲哀。

一鸟在手，胜过双鸟在林

一个初学打猎的年轻人跟着自己的师父一同到山里去打猎。

没走多远就发现了两只兔子从树林里窜了出来，年轻猎人很快就取出自己的猎枪。两只兔子向不同的方向跑去，年轻猎人于是不知道该向哪只兔子瞄准了。想打这只兔子，又怕那只兔子跑了，猎枪一会儿瞄准这只，一会儿又瞄准那只，就这样瞄来瞄去，结果兔子不见了踪影。年轻猎人感到十分气恼。

他的师父安慰他说："两只兔子向不同的方向跑，你的枪虽然快，但是也不可能同时射中两只呀。关键是你一定要选择好目标，这样你就不会空手而归了。"

人生有许多东西值得我们去奋斗、去追求，但并不是所有的东西我们都可以同时得到。

当鱼和熊掌不可兼得的时候，你必须当机立断，抓住时机，马上出击。常言道："一鸟在手，胜过双鸟在林。"当机遇出现在你面前时，千万不要犹豫，因为机遇稍纵即逝。倘若瞻前顾后、患得患失，只会使你与成功擦肩而过。

第七章　释怀过去，活在当下

人生没有回头路

很久以前，苏格拉底的几个学生向老师请教人生的真谛。

充满智慧的苏格拉底把他们带到麦田边，这时正是谷物成熟的季节，田地里到处都是沉甸甸的麦穗。"你们各自顺着一行麦田从林子这头走到那头，每人摘一枚自己认为是最大最好的麦穗。不许走回头路，不许做第二次选择。"苏格拉底神秘地说。

学生们在穿过麦田的整个过程中，都十分认真地进行着选择。

等他们到达麦田的另一端时，老师已在那里等候着他们。

"你们是否都完成了自己的选择？"苏格拉底问。

学生们你看着我，我看着你，都不回答。

"怎么啦？孩子们，你们对自己的选择满意吗？"苏格拉底再次问。

"老师，让我再选择一次吧！"一个学生请求说，"我走进麦田时，就发现了一个很大很好的麦穗，但是，我还想找一个更大更好的。可当我走到最后，却发现第一次看见的那枚麦穗就是最大的。"

另一个学生紧接着说："我和他恰巧相反，走进麦田不久就摘下了一枚我认为是最大最好的麦穗。可是后来我发现，麦田里比我摘下的这枚更大更好的麦穗多的是。老师，请让我也再选择一次吧！"

"老师，让我们再选择一次吧！"其他学生一起请求。

苏格拉底坚定地摇了摇头："孩子们，没有第二次选择，这是游戏规则。"

当你做了一件令你后悔的事后，才明白错了；当你选择了一条路后，才发现南辕北辙了。别把一切希望放在回头上，因为人生从来都不可能有回头路。既然做过了，走过了，你也就别无选择。人生真正的靠山是自己，只有你的选择是对的，你自己才会是好的。

舍弃旧我，接纳新我

我们一定有过年前大扫除的经历吧。当你一箱又一箱地打包时，一定会很惊讶自己在过去短短一年内，竟然累积了这么多的东西。然后懊悔自己为何事前不花些时间整理，淘汰一些不再需要的东西，如果那么做了，今天就不会累得你连脊背都直不起来。

大扫除的懊恼经验，让很多人懂得一个道理：人一定要随时清扫、淘汰不必要的东西，日后才不会变成沉重的负担。

人生又何尝不是如此！在人生路上，每个人都是在不断地累积东西。这些东西包括你的名誉、地位、财富、亲情、人际关系、健康等，当然也包括了烦恼、苦闷、挫折、沮丧、压力等。这些东西，有的早该丢弃而未丢弃，有的则是早该储存而未储存。

在人生道路上，我们几乎随时随地都得做自我"清扫"。念书、出国、就业、结婚、离婚、生子、换工作、退休……每一次人生转折，都迫使我们不得不"丢掉旧我，接纳新我"，把自己重新"扫"一遍。

不过，有时候某些因素也会阻碍我们放手进行扫除。譬如：太忙、太累，或者担心扫完之后，必须面对一个未知的开始，而你又不能确定哪些是你想要的。万一现在丢掉了，将来又捡不回来怎么办？

的确，心灵清扫原本就是一种挣扎与奋斗的过程。不过，你可以告诉自己：每一次的清扫，并不表示这就是最后一次。而且，没有人规定你必须一次全部扫干净。你可以每次扫一点，但你至少应该丢弃那些会拖累你的东西。

洛威尔是美国著名的心理学家。有一年，他和一群好友到东非赛伦盖蒂平原去探险。在旅途中，洛威尔随身带了一个厚重的背包，里面塞满了食具、切割工具、挖掘工具、衣服、指南针、观星仪、护理药品等。洛威尔对自己携带的物品非常满意。

一天，当地的一位土著向导检视完洛威尔的背包之后，突然问了一句："这些东西让你感到快乐吗？"洛威尔愣住了，这是他从未想过的问题。洛威尔开始问自己，结果发现，有些东西的确让他很快乐，但是，有些东西实在不值得他背着它们，走那么远的路。

洛威尔决定取出一些不必要的东西送给当地村民。接下来，因为背包变轻了，他感到自己不再有束缚，旅行变得十分愉快。

生命就如同一次旅行，背负的东西越少，越能发挥自己的潜能。你可以列出清单，决定背包里该装些什么才能帮助你到达目的地。但是，记住，在每一次停泊时都要清理自己的口袋，什么该丢，什么该留，把更多的位置空出来，让自己轻松起来。

蜕变获得重生

有歌词云："不经历风雨，怎能见彩虹？"确实，美好的获得需要付出代价，正如老鹰的重生需要经历常人难以想象的蜕变过程一样，处在人生的十字路口，我们需要正确地选择，更需要具有为赢得新生活而敢于冒险、敢于经受磨炼的勇气。

老鹰是世界上寿命最长的鸟类，它的寿命可达70岁。但是如果想要活那么久，它就必须在40岁时做出困难却重要的抉择。

当老鹰活到 40 岁时，它的爪子开始老化，不能够牢牢地抓住猎物；它的喙变得又长又弯，几乎能碰到它的胸膛；它的翅膀也会变得十分沉重，因为它的羽毛长得又浓又厚，使它在飞翔的时候十分吃力。在这个时候，它是不会选择等死的，而是选择经过一个十分痛苦的过程来蜕变和更新，以便继续活下去。

这是一个漫长的过程：它需要经过 150 天的漫长锤炼，而且必须努力地飞到山顶，在悬崖的顶端筑巢，然后停留在那里不再飞翔。

首先，它要做的是用它的喙不断地击打岩石，直到旧喙完全脱落，然后经过一个漫长的过程，静静地等候新的喙长出来。之后，还要经历更为痛苦的过程：用新长出的喙把旧指甲一根一根地拔出来，当新的指甲长出来后，它们再把旧的羽毛一根一根地拔掉，等待 5 个月后长出新的羽毛。

这时候，老鹰才能重新开始飞翔，从此可以再活 30 年！

对于老鹰来说，这无疑是一段痛苦的经历，但正是因为不愿在安逸中死去，正是对 30 年新生岁月的向往，正是对脱胎换骨后得以重新翱翔于天际的憧憬，燃起了它对新生活的渴望和改变自己的决心。要想延长自己的生命，获得重生的机会，它选择了经受几个月的痛苦。我们不能不为老鹰的这种勇于改变自己的勇气所折服。

人生又何尝不是如此？面对癌症，是草草地结束自己的生命以避免遭受肉体和精神的折磨，还是积极地治疗，创造生命的奇迹？陷入困境，是听天由命，等待命运的宣判，还是放手一搏，冒险寻求可能的转机？工作平淡无奇，碌碌无为，是安于现状，享受现有的安逸，还是勇于改变，寻求属于自己的一片天地？

人生需要选择，生命需要蜕变，每当面临困难和挫折，面临选择和放弃，我们都要有足够的勇气改变自己，只有这样才能获得重生，才能创造另一个辉煌！

等待下一次

人生最怕失去的不是已经拥有的东西，而是失去对未来的希望。爱情如果只是一个过程，那么失恋正是人生应当经历的，如果要承担结果，谁也不愿意把悲痛留给自己。

有一个女孩，一向保守，但由于一时冲动，和男朋友有了婚前性行为。之后，她恼怒、悔恨，却也安慰自己："没关系，他是爱我的！"

后来，男友对她实在是不好，她天天找人诉苦，却又不离开他。妹妹劝她："别再傻了，快些离开他吧！别再和自己过不去。"

她说："不可以，他是我的第一个男人，也是我的初恋！"

现在，她仍和她的男朋友在一起，偶尔流着眼泪诉苦，偶尔安慰自己："他总会知道我是真心对他好的！"

也许，女孩想要的只是自我安慰而已。她很会劝别人分手，最会讲的便是："别傻了，快离开那个男人，别再白白受苦。"这么会劝别人的人，最后却劝不了自己，终究也只能令自己受苦。

为什么有些人失恋时，悲痛欲绝，甚至踏上自毁之路？为什么有些恋人在遭遇挫折，不能长厢厮守时，会选择双双殉情自杀呢？

爱情对于某些人来说，是生命的一部分，是一种人生的经验，有顺境有逆境，有欢笑有悲哀。所以，当和喜欢的人相爱时，会觉得快乐，觉得幸福。当分手时，或者遇上障碍时，会自我安慰："这是人生难免，合久必分，也许前面有更好、更适合我的人哩！"于是他们会勇敢地、冷静地处理自己伤心失落的情绪，重新发展另一段感情。

而另有一些人，会觉得一生里最爱的就是这个人，不相信世界上有更完美、更值得他们去爱的人。所以当这段恋情变化时，他们就会失去所有的希望，也对自己的自信心和运气产生怀疑。这段关系遭受外界的阻力，就等于"天亡我也"。如此，他们就会变得消极，产生比较极端的想法，极有可能会选择自杀的道路。

其实，现实人生里，很少有人是像电影小说、流行歌曲所形容的那样幸福地可以恋爱一次就成功，永远不分开的。大多数人都是经历过无数的失败挫折才找到一个可长相厮守的人。

所以当你失恋时，当你们不可能永远在一起时，你应该告诉自己："还有下一次，何必去计较呢？"无论你这次跌得多痛，也要鼓励自己，坚强起来，重拾那破碎的心，去等待你的"下一次"。

人生是个漫长的旅程。在这个旅程中，人们大都要经历若干级人生阶梯。这种人生阶梯的更换不只是职业的变换或年龄的递进，更重要的是自身价值及其价值观念的变化。在"又升高了一级"的人生阶梯上，人们也许会以一种全新的观念来看待生活，选择生活，并用全新的审美观念来判断爱情，因为他们对爱情的感受已然完全不同了。

这种人生的"阶梯性"与爱情心理中的审美效应的关系在许多历史名人的生活中也可看到。比如歌德、拜伦、雨果等，他们更换钟情对象"往往表现了他们对理想的痛苦探求，同现实发生冲突所引起的失望，和试图通过不同的人来实现自己的理想形象的某些特点的结合"。

虽然更换钟情对象有时是可以理解的，但是，这种选择给人们带来的痛苦也是显而易见的。因而人们应该尽可能在较成熟的阶梯上做一次新的选择。那种小小年纪便将自己缚在某一个异性身上的做法，显然是不可取的。所以，有一天当失恋的痛苦降临到我们身上时，也不必以为整个世界都变得灰暗，理智的做法应是给对方一些宽容，给自己一点心灵的缓冲，及时进行调整，用新的姿态迎接明天。

经历了许多的人、许多的事，历尽沧桑之后，你就会明白：

这个世界上，没有什么是不可以改变的。美好、快乐的事情会改变，痛苦、烦恼的事情也会改变，曾经以为不可改变的，许多年后，你就会发现，其实很多事情都改变了。而改变最多的，竟是自己。不变的，只是小孩子美好天真的愿望罢了！所以当一份感情不再属于你的时候，就果断地放弃它，然后乐观等待你的下一次！

接受不可避免的现实

生活中，我们会遇到一些不公平的事，而且许多都是我们所无法逃避的，也是无所选择的，我们只能接受已经存在的事实并进行自我调整。抗拒不但可能毁了自己的生活，而且也会使自己精神崩溃。因此，人在无法改变不公和不幸的厄运时，要学会接受它、适应它。

荷兰阿姆斯特丹有一座15世纪的教堂遗迹，里面有这样一句让人过目不忘的题词："事必如此，别无选择。"

命运中总是充满了不可捉摸的变数，如果它给我们带来了快乐，当然是很好的，我们也很容易接受。但事情却往往并非如此，有时，它带给我们的会是可怕的灾难，这时如果我们不能学会接受它，就会让灾难主宰我们的心灵，生活也会永远地失去阳光。

小时候，琼斯和几个朋友在密苏里州的老木屋顶上玩，琼斯爬下屋顶时，在窗沿上歇了一会儿，然后跳下来，他的左食指戴着一枚戒指，往下跳时，戒指钩在钉子上，扯断了他的手指。

琼斯疼得尖声大叫，且非常惊恐，他想他可能会死掉。但等到手指的伤好后，琼斯就再也没有为它操过一点儿心。他已经接受了不可改变的事实。

英格兰的妇女运动名人格丽·富勒曾将一句话奉为真理，这句话是："我接受整个宇宙。"是的，我们都应该学会接受不可避免的事实。即使我们不接受命运的安排，也不能改变事实分毫，我们唯一能改变的，只有自己的心态。

成功学大师卡耐基也说："有一次我拒不接受我遇到的一种不可改变的情况。我像个蠢蛋，不断作无谓的反抗，结果给自己带来无眠的夜晚，我把自己整得很惨。终于，经过一年的自我折磨，我不得不接受我无法改变的事实。"

面对现实，并不等于束手接受所有的不幸。只要有一些可以挽救的机会，我们就应该奋斗！但是，当我们发现情势已不能挽回时，我们最好就不要再思前想后，拒绝面对，要接受不可避免的事实，唯有如此，才能在人生的道路上掌握好平衡。

没有什么不能承受

他是一个生性多愁善感的王子，就是死了一只蚂蚁，他都会流泪。每当左右的人向他禀报天灾人祸的消息，他就流着泪叹息道："天啊，太可怕了！这事落到我头上，我可受不了。"

人有旦夕祸福，一年之后，灾难降临到他身上。在一场突如其来的战争中，他的父母被杀，他自己也被敌人掳去当了奴隶，受尽非人的折磨。他最终逃出虎口时，只有一条腿了，他沦为一个可怜的乞丐。

当人们得知他的身世后，都流下同情的眼泪，继而发出他曾经发过的同样的叹息："天啊，太可怕了！这事落到我头上，我可受不了。"

此时的他慢慢地说道："请别说这话，凡是人间的灾难，无论落到谁头上，谁都得受着，而且都受得了——只要他不死。"

每一个人一生都会遭受一些非难折磨、挫折打击，乐观、坚强的人坦然接受，并在以后的人生历程中谨慎行事，从而避免重蹈覆辙，最终取得丰硕的成果；悲观、懦弱的人在经受挫折苦难打击后一蹶不振，变得浑浑噩噩，以致潦倒一生。生命中没有什么不能承受，勇于承受非难，从失败中吸取教训下不为例，就一定能够东山再起，重建辉煌。

在欣赏中忘却

从前在山中的庙里，有一个小和尚被要求去买食用油。在离开前，庙里的厨师交给他一个大碗，并严厉地警告他说："你一定要小心，千万别把油洒出来。"

小和尚答应后就下山到厨师指定的店里买油。在上山回庙的路上，他想到厨师凶恶的表情及严重的告诫，愈想愈觉得紧张。小和尚小心翼翼地端着装满油的大碗，一步一步地走在山路上，丝毫不敢左顾右盼。

很不幸的是，他在快到庙门口时，由于没有向前看路，结果踩到了一个坑。虽然没有摔跤，可是却洒掉了三分之一的油。小和尚非常懊恼，而且紧张得手都开始发抖，无法把碗端稳。终于回到庙里时，碗中的油就只剩一半了。厨师拿到装油的碗时，当然非常生气，他指着小和尚大骂："你这个笨蛋！我不是说要小心吗？为什么还是浪费这么多油？真是气死我了！"

小和尚听了很难过，开始掉眼泪。另外一位老和尚听到了，就跑来问是怎么一回事。了解以后，他就去安抚厨师的情绪，并私下对小和尚说："我再派你去买一次油。这次我要你在回来的途中，多观察你看到的人和事物，并且需要跟我作一个报告。"

小和尚想要推脱这个任务，强调自己油都端不好，根本不可能既要端油，还要看风景、做报告。

不过在老和尚的坚持下，他还是勉强上路了。在回来的途中，小和尚发现其实山路上的风景真是美。远方看得到雄伟的山峰，又有农夫在梯田上耕种。走不久，又看到一群小孩子在路边的空地上玩得很开心，而且还有两位老先生在下棋。

这样边走边看风景，不知不觉就回到庙里了。当小和尚把油交给厨师时，发现碗里的油装得满满的，一点都没有洒。

真正懂得从生活中体验人生乐趣的人，不会觉得自己的日子充满压力及忧虑。

生活中有逆境也有顺境，无论处在哪种环境，都不要忘记发现生活中美好的一面，因为很多的压力和烦恼都是在欣赏中忘却的。

生命在，希望就在

有一个富翁，在一次大生意中亏光了所有的钱，并且还欠下了债，他卖掉房子、汽车，还清了债务。

此刻，他孤独一人，无儿无女，穷困潦倒，唯有一只心爱的猎狗和一本书与他相依为命，相依相随。在一个大雪纷飞的夜晚，他来到一座荒僻的村庄，找到一个避风的茅棚。他看到里面有一盏油灯，于是用身上仅存的一根火柴点燃了油灯，拿出书来准备读书。但是一阵风忽然把灯吹灭了，四周立刻漆黑一片。这位孤独的老人陷入了黑暗之中，对人生感到彻底的绝望，他甚至想到了结束自己的生命。但是，立在身边的猎狗给了他一丝慰藉，他无奈地叹了一口气沉沉睡去。

第二天醒来，他忽然发现心爱的猎狗也被人杀死在门外。抚摸着这只相依为命的猎狗，他突然决定要结束自己的生命，世间再没有什么值得留恋的了。于是，他最后扫视了一眼周围的一切。这时，他发现整个村庄都沉寂在一片可怕的寂静之中。他不由急步向前，啊，太可怕了，尸体，到处是尸体，一片狼藉。显然，这个村庄昨夜遭到了匪徒的洗劫，连一个活口也没留下来。

看到这可怕的场面，他不由心念急转，啊！我是这里唯一幸存的人，我一定要坚强地活下去。此时，一轮红日冉冉升起，照得四周一片光亮，他欣慰地想，我是这个世界上唯一的幸存者，我没有理由不珍惜自己。虽然我失去了心爱的猎狗，但是，我得到了生命，这才是人生最宝贵的。

老人怀着坚定的信念，迎着灿烂的太阳又出发。

人生总有得意和失意的时候，一时的得意并不代表永久的得意；在一时失意的情况下，如果不能把心态调整过来，就很难再有得意之时。

故事中的老人，在失意甚至绝望的状态下，重新寻回了希望，赶走了悲伤。这不能不说是他人生中的又一大转折。

联想到我们日常的生活和学习，遇到失意或悲伤的事情时，一样要学会调整自己的心态。

如果你的演讲、你的考试和你的愿望没有获得成功；如果你曾经因为鲁莽而犯过错误；如果你曾经尴尬；如果你曾经失足；如果你被训斥和谩骂……那么请不要耿耿于怀。对这些事念念不忘，不但于事无补，还会占据你的快乐时光。抛弃它们吧！把它们彻底赶出你的心灵。如果你的声誉遭到了毁坏，不要以为你永远得不到清白，怀着坚定的信念勇敢地走向前吧！

让担忧和焦虑、沉重和自私远离你；更要避免与愚蠢、虚假、错误、虚荣和肤浅为伍；还要勇敢地抵制使你失败的恶习和使你堕落的念头，你会惊奇地发现，你的人生之旅是多么轻松、自由！

走出阴影，沐浴在明媚的阳光中。不管过去的一切多么痛苦，多么顽固，请把它们抛到九霄云外。不要让担忧、恐惧、焦虑和遗憾消耗你的精力。把你的精力投入到未来的创造中去吧！

主宰自己，做自己的主人。沮丧的面容、苦闷的表情、恐惧的思想和焦虑的态度是你缺乏自制力的表现，是你弱点的表现，是你不能控制环境的表现。它们是你的敌人，坚决拒绝它们！

请记住：生命在，希望就在！

善待失败，善待人生

美国《生活》周刊曾评出过去 1000 年中 100 位最有影响力的

人物，其中，托马斯·阿尔沃·爱迪生名列第一。

爱迪生出身低微，他的"学历"是一生只上过 3 个月的小学，老师因为总被他古怪的问题问得张口结舌，竟然当着他母亲的面说他是个傻瓜，将来不会有什么出息。母亲一气之下让他退学，由她亲自教育。此后，爱迪生的天资得以充分地展露。在母亲的指导下，他阅读了大量的书籍，并在家中自己建了一个小实验室。为筹措实验室的必要开支，他只得外出打工，当报童卖报纸。最后用积攒的钱在火车的行李车厢建了个小实验室，继续做化学实验研究。有一天，化学药品起火，几乎把这个车厢烧掉。暴怒的列车长把爱迪生的实验设备都扔下车去，还打了他几记耳光，爱迪生因此终生耳聋。

爱迪生虽未受过良好的学校教育，但凭个人奋斗和非凡才智获得巨大成功。他以坚韧不拔的毅力、罕有的热情和精力从千万次的失败中站了起来，克服了数不清的困难，成为发明家和企业家。仅从 1869 年到 1901 年，就取得了 1328 项发明专利。在他的一生中，平均每 15 天就有一项新发明，他因此而被誉为"发明大王"。

爱迪生献身科学、淡泊名利。在研制电灯时，记者对他说："如果你真能造出电灯来取代煤气灯，那你一定会赚大钱。"爱迪生回答说："一个人如果仅仅为积攒金钱而工作，他就很难得到一点别的东西——甚至连金钱也得不到！"他一直被称作"现代电影之父"，可是在电影界人士为他举行的 77 岁寿辰盛大宴会上，他说："对于电影的发展，我只是在技术上出了点力，其他的都是别人的功劳。"

爱迪生胸襟开阔、善处逆境。针对自己的耳聋不便，他说："走在百老汇的人群中，我可以像幽居森林深处的人那样平静。耳聋从来就是我的福气，它使我免去了许多干扰和精神痛苦。"

1914 年 12 月的一个夜晚，一场大火烧毁了爱迪生的研制工厂，他因此而损失了价值近百万美元的财产。爱迪生安慰伤心至极的妻子说："不要紧，别看我已 67 岁了，可我并不老。从明天早晨起，一切都将重新开始，我相信没有一个人会老得不能重新开始工作的。灾祸也能给人带来价值，我们所有的错误都被烧掉了，现在我们又可以重新开始。"第二天，爱迪生不但开始动工建造新车间，而且又开始发明一种新的灯———一种帮助消防队员在黑暗中前进的便携式探照灯。火灾对爱迪生而言只是一段小小的插曲而已。

大风大浪才能显示人的能力；大起大落才能磨炼人的意志；大悲大喜才能提高人的境界；大羞大耻才能洗涤人的灵魂。人活在世界上，不可能一帆风顺，每个成功的故事里都写满了辛酸失败。敢于正视失败，能以正确的态度面对失败，不退缩，不消沉，不困惑，不脆弱，才能有成功的希望。

善待失败，善待人生！

世界的颜色是靠心情漂染的

生活的现实对于我们每个人本来都是一样的。但一经各人不同"心态"的诠释后，便代表了不同的意义，因而形成了不同的事实、环境和世界。心态改变，则事实就会改变；心中是什么，则世界就是什么。心里装着哀愁，眼里看到的就全是黑暗，抛弃已经发生的令人不痛快的事情或经历，才会迎来新心情下的乐趣。

有一天，詹姆斯忘记关上餐厅的后门，结果早上 3 个武装歹徒闯入抢劫，他们要挟詹姆斯打开保险箱。由于过度紧张，詹姆斯弄错了一个号码，造成抢匪的惊慌，开枪射击詹姆斯。幸运的是，詹姆斯很快被邻居发现了，紧急送到医院抢救，经过 18 小时的外科手术以及长时间的悉心照顾，詹姆斯终于出院了，但还有颗子弹留在他身上……

事件发生 6 个月之后，有人问詹姆斯，当抢匪闯入时，他的心路历程是怎样的。詹姆斯答道："当他们击中我之后，我躺在地板上，当时我有两个选择：我可以选择生，或选择死。我选择活下去。"

"你不害怕吗？"那人问他。詹姆斯继续说："医护人员真了不起，他们一直告诉我没事，放心。但是在他们将我推入紧急手术间的路上，我看到医生跟护士脸上忧虑的神情，我真的被吓到了，他们的脸上好像写着——他已经是个死人了！我知道我需要采取行动。"

"当时你做了什么？"

詹姆斯说："当时有个护士用吼叫的音量问我一个问题，她问我是否会对什么东西过敏。我回答：'有。'这时，医生跟护士都停下来等待我的回答。我深深地吸了一口气喊着：'子弹！'等他们笑完之后，我告诉他们：'我现在选择活下去，请把我当作一个活生生的人来开刀，不是一个活死人。'"

詹姆斯能活下来当然要归功于医生的精湛医术，但同时也由于他令人惊异的态度。我从他身上学到，每天你都能选择享受你的生命，或是憎恨它。这是属于你的权利。没有人能够控制或夺去的东西，就是你的态度。如果你能时时注意这个事实，你生命中的其他事情都会变得容易许多。

心情的颜色会影响世界的颜色。如果一个人，对生活抱一种达观的态度，就不会稍有不如意，就自怨自艾，只看到生活中不完美的一面。在我们的身边，大部分终日苦恼的人，实际上并不是遭受了多大的不幸，而是自己的内心素质存在着某种缺陷，对生活的认识存在偏差。事实上，生活中有很多坚强的人，即使遭受挫折，承受着来自于生活的各种各样的折磨，他们在精神上也会岿然不动。充满着欢乐与战斗精神的人，永远不会为困难所打倒，在他们的心中始终承载着欢乐，不管是雷霆与阳光，他们都会给予同样的欢迎和珍视。

走出寒冷的冬季

一样的事情，可以选择不同的态度对待。选择往积极的方面，并做出积极努力，就一定会看到前方美好的风景。

两只小桶一同被吊在井口上。其中一个对另一个说："你看起来似乎闷闷不乐，有什么不愉快的事吗？"

另一个回答："我常在想，这真是一场徒劳，没什么意思。常常是这样，装得满满地上去，又空着下来。"

第一个小桶说："我倒不觉得如此。我一直这样想：我们空空地来，装得满满地回去！"

很多事情，站在不同的立场，便有不同的看法，正面的想法带来积极的效果，负面的想法带来消极的效果。乐观的人，在每一个忧患中看到机会；悲观的人，在每一个机会中看到忧患。

1985年，美国女孩辛蒂还在医科大学念书，有一次，她到山上散步，带回一些蚜虫。她拿起杀虫剂想为蚜虫去除化学污染，却感觉到一阵痉挛，原以为那只是暂时性的症状，谁料她的后半生从此陷入不幸。

杀虫剂内所含的某种化学物质使辛蒂的免疫系统遭到破坏，使她对香水、洗发水以及日常生活中接触的一切化学物质一律过敏，连空气也可能使她的支气管发炎。这种"多重化学物质过敏症"，到目前为止仍无药可医。

起初几年，她一直流口水，尿液变成绿色，有毒的汗水刺激背部形成了一块块疤痕。她甚至不能睡在经过防火处理的床垫上，否则就会引发心悸和四肢抽搐。后来，她的丈夫用钢和玻璃为她盖了一所无毒房间，一个足以逃避所有威胁的"世外桃源"。辛蒂所有吃的、喝的都得经过选择与处理，她平时只能喝蒸馏水，食物中不能含有任何化学成分。

很多年过去了，辛蒂没有见到过一棵花草，听不见一声悠扬的歌声，感觉不到阳光、流水和风。她躲在没有任何饰物的小屋里，饱尝孤独之余，甚至不能哭泣，因为她的眼泪跟汗液一样也是有毒的物质。

然而，坚强的辛蒂并没有在痛苦中自暴自弃，她一直在为自己，同时更为所有化学污染物的牺牲者争取权益。1986 年，她创立了"环境接触研究网"，以便为那些致力于此类病症研究的人士提供一个窗口。1994 年辛蒂又与另一组织合作，创建了"化学物质伤害资讯网"，保证人们免受威胁。目前这一资讯网已有来自 32 个国家的 5000 多名会员，不仅发行了刊物，还得到美国、欧盟及联合国的大力支持。

她说："在这寂静的世界里，我感到很充实。因为我不能流泪，所以我选择了微笑。"当我们选择微笑地面对生活的时候，我们也就走出了人生的冬季。

你知道汽车轮胎为什么能在路上跑那么久，能忍受那么多的颠簸吗？起初，制造轮胎的人想要制造一种轮胎，能够抗拒路上的颠簸，结果轮胎不久就被切成了碎条。然后他们又做出一种轮胎来，吸收了路上新碰到的各种压力，这样的轮胎可以"接受一切"。在曲折的人生旅途上，如果我们也能够承受所有的挫折和颠簸，能够化解与消除所有的困难与不幸，我们就能够活得更加长久，我们的人生之旅就会更加顺畅、更加开阔。

留住心中希望的种子

世事无常，我们随时都会遇到困厄和挫折。遇见生命中突如其来的困难时，你都是怎么看待的呢？不要把自己禁锢在眼前的困苦中，眼光放远一点，当你看得见成功的未来远景时，便能走出困境，达到你梦想的目标。

当我们处于厄运的时候，当我们面对失败的时候，当我们面对重大灾难的时候，只要我们仍能在自己的生命之杯中盛满希望之水，那么，无论遭遇什么样坎坷不幸之事，我们都能永葆快乐心情，我们的生命才不会枯萎。

在一座偏僻遥远的山谷里的断崖上，不知何时，长出了一株小小的百合。它刚诞生的时候，长得和野草一模一样，但是，它心里知道自己并不是一株野草。它的内心深处，有一个纯洁的念头："我是一株百合，不是一株野草。唯一能证明我是百合的方法，就是开出美丽的花朵。"它努力地吸收水分和阳光，深深地扎根，直直地挺着胸膛，对附近的杂草置之不理。

在野草和蜂蝶的鄙夷下，百合努力地释放内心的能量。百合说："我要开花，是因为知道自己有美丽的花；我要开花，是为了完成作为一株花的庄严使命；我要开花，是由于自己喜欢以花来证明自己的存在。不管你们怎样看我，我都要开花！"

终于，它开花了。它那灵性的白和秀挺的风姿，成为断崖上最美丽的风景。年年春天，百合努力地开花、结籽，最后，这里被称为"百合谷地"。因为这里到处是洁白的百合。

我们生活在一个竞争十分激烈的社会，有时在某方面一时落后，有时困难重重，有时失败连连，甚至有时被人嘲笑……无论什么时候，我们都不能放弃努力；无论什么时候，我们都应该像那株百合一样，为自己播下希望的种子。

内心充满希望，它可以为你增添一分勇气和力量，它可以支撑起你一身的傲骨。当莱特兄弟研究飞机的时候，许多人都讥笑他们是异想天开，当时甚至有句俗语说："上帝如果有意让人飞，早就使他们长出翅膀。"但是莱特兄弟毫不理会外界的说法，终于发明了飞机。当伽利略以望远镜观察天体，发现地球绕太阳而行时，教皇曾将他下狱，命令他改变主张，但是伽利略依然继续研究，并著书阐明自己的学说，终于在后来获得了证实。最伟大的成就，常属于那些在大家都认为不可能的情况下，却能坚持到底的人。坚持就是胜利，这是成功的一条秘诀。

暂时的落后一点都不可怕，自卑的心理才是可怕的。人生的不如意、挫折、失败对人是一种考验，是一种学习，是一种财富。我们要牢记"勤能补拙"，既能正确认识自己的不足，又能放下包袱，以最大的决心和最顽强的毅力克服这些不足，弥补这些缺陷。人的缺陷不是不能改变，而是看你愿不愿意改变。只要下定决心，讲究方法，就可以弥补自己的不足。

在不断前进的人生中，凡是看得见未来的人，也一定能掌握现在，因为明天的方向他已经规划好了，知道自己的人生将走向何方。留住心中的"希望种子"，相信自己会有一个无可限量的未来，心存希望，任何艰难都不会成为我们的阻碍。只要怀抱希望，生命自然会充满激情与活力。

明天又是新的一天

"After all，tomorrow is another day"，相信每一个读过美国作家玛格丽特·米切尔的《飘》的人，都会记得主人公思嘉丽在小说中多次说过的话。在面临生活困境与各种难题的时候，她都会用这句话来安慰自己，"无论如何，明天又是新的一天"，并从中获取巨大的力量。

和小说中思嘉丽颠沛流离的命运一样，我们一生中也会遇到各种各样的困难和挫折。面对这些一时难以解决的问题，逃避和消沉是解决不了问题的，唯有以阳光的心态去迎接，才有可能最终解决。阳光的人每天都拥有一个全新的太阳，积极向上，并能从生活中不断汲取前进的动力。

1937年薛尔德先生死了，薛尔德太太觉得非常颓丧——而且几乎一文不名。她写信给她以前的老板李奥罗区先生，请他让她回去做以前的老工作。她以前靠推销世界百科全书生活。两年前她丈夫生病的时候，她把汽车卖了。于是她勉强凑足钱，分期付款才买了一部旧车，又开始出去卖书。

她原想，再回去做事或许可以帮她解脱她的颓丧。可是要一个人驾车，一个人吃饭，几乎令她无法忍受。有些区域简直就做不出什么成绩来，虽然分期付款买车的数目不大，却很难付清。

1938年的春天，她在密苏里州的维沙里市，见那儿的学校都很穷，路很坏，很难找到客户。她一个人又孤独又沮丧，有一次甚至想要自杀。她觉得成功是不可能的，活着也没有什么希望。每天早上她都很怕起床面对生活。她什么都怕，怕付不出分期付款的车钱，怕付不出房租，怕没有足够的东西吃，怕她的健康情形变坏而没有钱看医生。让她没有自杀的唯一理由是，她担心她的姐姐会因此而觉得很难过，而且她姐姐也没有足够的钱来支付自己的丧葬费用。

然而有一天，她读到一篇文章，使她从消沉中振作起来，使她有勇气继续活下去。她永远感激那篇文章里那一句令人振奋的话："对一个聪明人来说，太阳每天都是新的。"她用打字机把这句话打下来，贴在她的车子前面的挡风玻璃上，这样，在她开车的时候，每一分钟都能看见这句话。她发现每次只活一天并不困难，她学会忘记过去，每天早上都对自己说："今天又是一个新的生命。"

她成功地克服了对孤寂的恐惧和她对需要的恐惧。她现在很快活，也还算成功，并对生命抱着热忱和爱。她现在知道，不论在生活上碰到什么事情，都不要害怕；她现在知道，不必怕未来；她现在知道，只要活一天——而"对一个聪明人来说，太阳每天都是新的"。

在日常生活中可能会碰到极令人兴奋的事情，也同样会碰到令人消极的、悲观的事情，这属于正常的事情。如果我们的思维总是围着那些不如意的事情转动的话，也就相当于往下看，那么，终究会摔下去。因此，我们应尽量做到脑海想的、眼睛看的，以及口中说的都应该是光明的、乐观的、积极的，相信每天的太阳都是新的，明天又是新的一天，发扬往上看的精神才能在我们的事业中获得成功。

别让心灵遭遇落叶的季节

20 世纪的女作家张爱玲的一生完整地注释了悲观给人带来的负面影响是多么巨大。

张爱玲一生聚集了一大堆矛盾，她是一个善于将艺术生活化、生活艺术化的享乐主义者，又是一个对生活充满悲剧感的人；她是名门之后、贵族小姐，却宣称自己是一个自食其力的小市民；她悲天悯人，时时洞见芸芸众生"可笑"背后的"可怜"，却在实际生活中显得冷漠寡情；她在 20 世纪 40 年代的上海大红大紫，几十年后，她在美国又深居简出，过着与世隔绝的生活。所以有人说："只有张爱玲才可以同时承受灿烂夺目的喧闹与极度的孤寂。"

这种生活态度的确不是普通人能够承受和理解的，但用现代心理学的眼光看，其实张爱玲的这种生活态度源于她始终抱着一种悲观的心态活在人间，这种悲观的心态让她无法真正地融入生活，因此她总在两种生活状态里不停地左右徘徊。

张爱玲悲观苍凉的色调，深深地沉积在她的作品中，使其作品产生了巨大而独特的艺术魅力。但无论作家用怎样流利俊俏的文字，写出怎样可笑或传奇的故事，终不免露出悲音。那种渗透着个人身世之感的悲剧意识，使她与时代生活中的悲剧氛围相通，从而在更广阔的历史背景上臻于深广。

张爱玲所拥有的深刻的悲剧意识，并没有把她引向西方现代派文学那种对人生彻底绝望的境界。个人气质和文化底蕴最终决定了她只能回到传统文化的意境，且不免自伤自恋，因此在生活中，她时而在世俗的喧嚣中沉浸，时而又陷入极度的寂寞中，最后孤独死去。

张爱玲的悲剧人生让我们看到了悲观对一个人的戕害是多么惨重。现实生活中，不只文豪有这样的悲观情绪，平常的人也会经历这样的心情。

有一位年老的父亲，他有两个儿子，他们都很可爱。在圣诞节来临前，父亲分别送给他们完全不同的礼物，在夜里悄悄把这些礼物挂在了圣诞树上。第二天早晨，哥哥和弟弟都早早地起来了，想看看圣诞老人给自己的是什么礼物。哥哥的圣诞树上礼物很多，有一把气枪，有一辆崭新的自行车，还有一个足球。哥哥把自己的礼物一件一件地取下来，却并不高兴，反而忧心忡忡。

父亲问他："是礼物不好吗？"哥哥拿起气枪说："看吧，这支气枪我如果拿出去玩，没准会把邻居的窗户打碎，那样一定会招来一顿责骂。还有，这辆自行车，我骑出去倒是高兴，但说不定会撞到树干上，把自己摔伤。而这个足球，我总是会把它踢爆的。"父亲听完后没有说话。

弟弟的圣诞树上除了一个纸包外，什么也没有。他把纸包打开后，不禁哈哈大笑起来，一边笑一边在屋子里到处找。父亲问他："为什么这样高兴？"他说："我的圣诞礼物是一包马粪，这说明肯定会有一匹小马驹就在我们家里。"最后，他果然在屋后找到了一匹小马驹。父亲也跟着他笑了起来："真是一个快乐的圣诞节啊！"

其实，在工作和生活中，很多事情也是这样，乐观情绪总会带来快乐明亮的结果，而悲观的心理则会使一切变得灰暗。受苦的人，没有悲观的权利；失火时，没有怕黑的权利；战场上，只有不怕死的战士才能取得胜利；也只有受苦而不悲观的人，才能克服困难，脱离困境。

我们不仅要知道在快乐的时候微笑，更要学会在面对困难的时候微笑，因为只有这样，才能在挫折面前，精神不倒；只有这样，才能告别悲伤的凄凉，迎接生活的春日暖阳。

让昨日止于昨夜

淑娟是某校一名普通的学生。她曾经沉浸在考入重点大学的喜悦中，但好景不长，大一开学才两个月，她已经对自己失去了信心，连续两次与同学闹别扭，功课也不能令她满意，她对自己失望透了。

她自认为是一个坚强的女孩，很少有被吓倒的时候，但她没想到大学开学才两个月，自己就对大学生活失去了信心。她曾经安慰过自己，也无数次试着让自己抱以希望，但换来的却是一次又一次的失望。

以前在中学时，几乎所有老师跟她的关系都很好，很喜欢她，她的学习状态也很好，学什么像什么，身边还有一群朋友，那时她感觉自己像个明星似的。但是进入大学后，一切都变了，人与人的隔阂是那样的明显，自己的学习成绩又如此糟糕。现在的她很无助，她常常这样想：我并没比别人少付出，并不比别人少努力，为什么别人能做到的，我却不能呢？她觉得明天已经没有希望了，她想难道12年的拼搏奋斗注定是一场空吗？那这样对自己来说太不公平了。

进入一个新的学校，新生往往会不自觉地与以前相对比，而当困难和挫折发生时，产生"回归心理"更是一种普遍的心理状态。淑娟在新学校中缺少安全感，不管是与人相处方面，还是自尊、自信方面，这使她长期处于一种怀旧、留恋过去的心理状态中，如果不去正视目前的困境，就会更加难以适应新的生活环境、建立新的自信。

不能尽快适应新环境，就会导致过分的怀旧。一些人在人际交往中只能做到"不忘老朋友"，但难以做到"结识新朋友"，个人的交际圈也大大缩小。此类过分的怀旧行为将阻碍着你去适应新的环境，使你很难与时代同步。回忆是属于过去的岁月的，一个人应该不断进步。我们要试着走出过去的回忆，不管它是悲还是喜，不能让回忆干扰我们今天的生活。

一个人适当怀旧是正常的，也是必要的，但是因为怀旧而否认现在和将来，就会陷入病态。不要总是表现出对现状很不满意的样子，更不要因此过于沉溺在对过去的追忆中。当你不厌其烦地重复述说往事，述说着过去如何如何时，你可能忽略了今天正在经历的体验。把过多的时间放在追忆上，会或多或少地影响你的正常生活。

我们需要做的是尽情地享受现在。过去的再美好亦或再悲伤，那毕竟已经因为岁月的流逝而沉淀。如果你总是因为昨天而错过今天，那么在不远的将来，你又会回忆着今天的错过。在这样的恶性循环中，你永远是一个迟到的人。不如积极参与现实生活，如认真地读书、看报，了解并接受新生事物，积极参与改革的实践活动，要学会从历史的高度看问题，顺应时代潮流，不能老是站在原地思考问题。如果对新事物立刻接受有困难，可以在新旧事物之间寻找一个突破口，例如思考如何再立新功、再创辉煌，不忘老朋友、发展新朋友、继承传统、例行改革等，寻找一个最佳的结合点，从这个点上做起。

隆萨乐尔曾经说过："不是时间流逝，而是我们流逝。"不是吗，在已逝的岁月里，我们毫无抗拒地让生命在时间里一点一滴地流逝，却做出了分秒必争的滑稽模样。

所谓"活在现在"，就是指活在今天，今天应该好好地生活。这其实并不是一件很难的事，我们都可以轻易做到。

看到劣势，但别抓住不放

每个人都有自己的缺点和不足，如果一味地抓住不放，就只能生活在自卑的愁云里。

王璇就是这样，本来是一个活泼开朗的女孩，竟然被自卑折磨得一塌糊涂。

王璇在一家大型的外资企业上班，毕业于某著名语言大学。大学期间的王璇是一个十分自信、从容的女孩。她的学习成绩在班级里名列前茅，是男孩追逐的焦点。然而，最近，王璇的大学同学惊讶地发现，王璇变了，原先活泼可爱、整天嘻嘻哈哈的她，像换了一个人似的，不但变得羞羞答答，甚至其行为也变得畏首畏尾，而且说起话、干起事来都显得特别不自信，和大学时判若两人。每天上班前，她会为了穿衣打扮花上整整两个小时的时间。为此她不惜早起，少睡两个小时。她之所以这么做，是怕自己打扮不好，遭到同事或上司的取笑。

原来到公司后，王璇发现公司员工的服饰及举止显得十分高贵及严肃，让她觉得自己土气十足，上不了台面。于是她对自己的服装及饰物产生了深深的厌恶。第二天，她就跑到服饰精品商场去了。可是，由于还没有发工资，她买不起那些名牌服装，只能悻悻地回来了。在公司的第一个月，王璇是低着头度过的。她不敢抬头看别人穿的正宗的名牌西服、名牌裙子，因为一看，她就会觉得自己穷酸。那些外国女人或早于她进入这家公司的中国女人大多穿着一流的品牌服饰，而自己呢，竟然还是一副穷学生样。每当这样比较时，她便感到无地自容，她觉得自己就是混入天鹅群的丑小鸭，心里充满了自卑。

服饰还是小事，令王璇更觉得抬不起头来的是她的同事们平时用的香水都是洋货。她们所到之处，处处清香飘逸，而王璇自己用的却是一种廉价的香水。女人与女人之间，聊起来无非是生活上的琐碎小事，主要的当然是衣服、化妆品、首饰，等等。而关于这些，王璇几乎什么话题都没有。这样，她在同事中间就显得十分孤立，也十分羞惭。

在工作中，她更是战战兢兢、小心翼翼，甚至到了谨小慎微的地步。由于刚踏入工作岗位，工作效率不是很高，不能及时完成上司交给的任务，有时难免受到批评，这让王璇更加拘束和不安，甚至开始怀疑自己的能力。此外，由于王璇刚进公司，她还要负责做清洁工作。看着同事们悠然自得地享用着她倒的开水，她就觉得自己与清洁工无异，这更加深了她的自卑意识……

　　像王璇这样的自卑者，总是一味轻视自己，总感到自己这也不行，那也不行，什么也比不上别人。怕正面接触别人的优点，回避自己的弱项，这种情绪一旦占据心头，就会使自己对什么都提不起精神，犹豫、忧郁、烦恼、焦虑也便纷至沓来。

　　每一个事物、每一个人都有其优势，都有其存在的价值。劣势是在所难免的，可是当我们看到它的时候，只要用心去改正和调整，就可以了，没必要总是抓着它不放，既影响自己的心情，又阻碍未来的发展。

第八章　不为物累，让心灵回归简单

太忙碌，会错失身边的风景

生活中，无数人的口头禅是"我忙啊"。没时间回家看看，没时间与好友聚会，没时间慢慢恋爱，忙得无心，忙得无情。

朋友啊，要充分享受生活，就一定要学会放慢脚步。当你停止疲于奔命时，你会发现生命中未被发掘出来的美；当生活在欲求永无止境的状态时，你永远都无法体会到生活的真谛。

虽然放慢脚步对一向快节奏惯了的现代人来说是件难上加难的事，而且许多人对此根本就无暇考虑。但享受生活的一个重要条件就是，你必须注意自己的所作所为，然后放慢脚步。

因为我们总是在赶时间，所以很少有机会与朋友进行心灵的恳谈，结果我们就变得越来越孤独；因为忙碌，我们只知根据温度来添减衣服，却忽略了四季的更替，就这样不知不觉地过了一年又一年。因为我们忙得没有时间注意所有征兆，甚至连身体有病的早期征兆都觉察不出来……

古人云："此生闲得宜为家，业是吟诗与看花。"这种寄生于绿柳红墙的庄园主情趣，现代人怕是难得再享受了，现代文明早已将此情调连同那个社会一同埋葬了。

英国散文家斯蒂文生在散文《步行》中写道："我们这样匆匆忙忙地做事、写东西、挣财产，想在永恒时间的微笑的静默中有一刹那使我们的声音让人可以听见，我们竟忘掉了一件大事，在这件大事中这些事只是细目，那就是生活。我们钟情、痛饮，在地面来去匆匆，像一群受惊的羊。可是你得问问你自己：在一切完了之后，你原来如果坐在家里炉旁快快活活地想着，是否比较更好些。静坐着默想：记起女子们的面孔而不起欲念；想到人们的丰功伟绩，快意而不羡慕；对一切事物和一切地方有同情的了解，而却安心留在你所在的地方和身份。这不是同时懂得智慧和德行，不是和幸福住在一起吗？

他告诫我们，太忙碌，会忘却生活的本来意义和幸福。

时间飞快地从我们身边滑过，开始我们总认为这样紧张忙碌是有价值的，结果我们最终两手空空地走向了时光的尽头。

所以，放慢一些脚步，尽情地去享受你的人生、你的生活吧！因为享受生活是帮助我们充实人生、帮助人生充满活力的方法。

给幸福的生活脱去复杂的洋装

在一个艳阳高照的午后，一个勤劳的樵夫扛着沉甸甸的斧头上山去打柴，一路上不觉汗如雨下。就在他停下脚步准备稍作休憩之时，他看到一个人正跷着二郎腿，悠闲地躺在树底下乘凉，便忍不住上前问道："你为什么躺在这里休息，而不去打柴呢？"

那个人看了樵夫一眼，不解地问道："为什么要去打柴呢？"

樵夫脱口而出："打了柴好卖钱呀。"

"那么卖了钱又为了什么呢？"乘凉的人进一步问道。

"有了钱你就可以享受生活了。"樵夫满怀憧憬地说。

听到这话，乘凉的人禁不住笑了，他意味深长地对樵夫说道："那么你认为，我现在又是在做什么呢？"

听见此话，樵夫顿时无语，那么到底，打柴是为了什么？享受生活，不就这么简单吗。

在追求幸福的途中，我们往往会为生活戴上重重枷锁，殊不知退去复杂的洋装，才能展露出幸福生活的本质。故事中的乘凉的人没有把自己盲目地投入到紧张的生活中，而是恬然地享受悠闲自在的日子——躺在树下轻松自由地呼吸，对生命充满着由衷的喜悦与感激。这种简单、干净的生活方式是多么惹人羡慕，多么令人向往啊！这种发自内心的简单与悠闲，正是幸福生活的真谛所在，睿智如他，快乐而洒脱地抓住了快乐的尾巴。

在我们忙忙碌碌，为生活所累的时候，是否应该回头看一看现代人的生活？当我们不断地抱怨，被无穷无尽的牢骚所埋没的时候，是否应当重新考量生活的定位？现如今的我们正被包围在混乱的杂事、杂务，尤其是杂念之中，却不知到底是为谁辛苦为谁忙？一番苦痛和挣扎之后，一颗颗活跃而跳动的心被挤压成了有气无力的皮球，在坚硬的现实中疲软地滚动。也许是因为在竞争的压力下我们逐渐丧失了内心的安全感，于是就产生了担心无事可做的恐惧，也许是内心的不安使我们急欲去寻找可以依靠的港湾，所以才愈发急着找事做来自我安慰。不知不觉中，我们已陷入了一种恶性循环，逐渐远离真正的快乐、远离真实的生活。

也许我们真的太累了，我们疲惫的内心，需要得到休憩的空间。在不断追逐的过程中，我们是不是可以尝试着放弃一些复杂的东西，让一切都恢复简单的面孔。其实生活本身并不复杂，真正复杂的是我们的内心。因而，要想恢复简单的生活，必须从"心"开始。

对"幸福"的需求是永无止境的，没完没了地去追求大家普遍认同的"所谓"幸福——大房子、新汽车、时髦服装、朋友、事业，尽管可以在某些方面得到一时快乐和满足，却无法获得内心的真正满足。这些东西尽管绚烂，尽管浮华，尽管带着美丽的外表，穿着诱人的洋装，最终带给我们的，却只能是患得患失的压力和永无止境的挣扎。想要获得真正的幸福，就必须褪去层层叠叠的枷锁，脱去生活复杂的洋装，就像故事中乘凉的人那样，呼吸清新自由的空气，悠闲而又自在地享受简单而又干净的生活。

剔除了杂质，才会留下无瑕之美

心理学家曾指出：人是最会制造垃圾污染自己的动物之一。清洁工每天早上都要清理人们制造的成堆的垃圾，这些有形的垃圾容易清理，而人们内心诸如烦恼、欲望、忧愁、痛苦等无形的垃圾却不那么容易清理。

我们在装修房子的时候，总是会小心谨慎地制订详细的方案，研究每一个细节，墙壁的颜色、地板的质地、吊灯的造型都是不可忽视的部分。我们为自己的家园精心选择了最好的建材。但是在建设精神家园的时候，我们却太粗心了。虽然精神家园比物质家园重要得多，但是很多人却出于各种原因不肯多费心思。那些类似恐惧、烦恼、焦虑、不安等消极念头一旦成为精神家园的建材，那么它们便可能发霉、腐烂，我们的心灵世界就岌岌可危了。

所以，为了保持心灵家园的纯洁，我们必须选择勇敢、乐观、积极的思想，并且及时进行"精神扫除"，丢弃或扫掉拖累心灵的东西。除此之外，还可以用美德来充盈我们的心灵空间，让垃圾再无容身之处。

有这样一位哲学家，他带着他的一群学生去漫游世界，十年间，他们游历了所有的国家，拜访了所有有学问的人，现在他们回来了，个个满腹经纶。在进城之前，哲学家在郊外的一片草地上坐下来，对他的学生说："十年游历，你们都已是饱学之士，现在学业就要结束了，我们上最后一课吧！"

弟子们围着哲学家坐了下来，哲学家问："现在我们坐在什么地方？"弟子们答："现在我们坐在旷野里。"哲学家又问："旷野里长着什么？"弟子们说："旷野里长满杂草。"

哲学家说："对，旷野里长满杂草，现在我想知道的是如何除掉这些杂草。"弟子们非常惊愕，他们都没有想到，一直在探讨人生奥妙的哲学家，最后一课问的竟是这么简单的一个问题。

一个弟子首先开口说："老师，只要有铲子就够了。"哲学家点点头。

另一个弟子接着说："用火烧也是很好的一种办法。"哲学家微笑了一下，示意下一位。

第三个弟子说："撒上石灰就会除掉所有的杂草。"

接着第四个弟子说："斩草除根，只要把根挖出来就行了。"

等弟子们都讲完了，哲学家站了起来，说："课就上到这里了，你们回去后，按照各自的方法除去一片杂草，一年后再来相聚。"

一年后，他们都来了，不过原来相聚的地方已不再是杂草丛生，它变成了一片长满谷子的庄稼地。

所以，如果你想让自己的心灵世界再无纷扰，唯一的方法就是用好的品格占据它。

一个人，在尘世间走得太久了，心灵无可避免地会沾染上尘埃，使原来洁净的心灵受到污染和蒙蔽。的确，对一个未知的开始，而你又不确定哪些是你想要的。所以，不要害怕自己选择了错误的东西，但一旦发现错误，一定要及时修正，清除心中的杂质，让自己纯净的心灵重新显现。

不为物累，简单生活

幸福与快乐源自内心的简约，简单使人宁静，宁静使人快乐。

人心随着年龄、阅历的增长而越来越复杂，但生活其实十分简单。保持自然的生活方式，不因外在的影响而痛苦抉择，便会懂得生命简单的快乐。

头上是万里无云的朗朗晴空，手中是沁人心脾的冰镇啤酒。停在这片光秃秃的灼热沙漠上的东一辆西一辆旅宿汽车和拖车的门吱吱扭扭地推开了，"独身漫游者"俱乐部的一些成员到这漫漫荒原来享受一个下午的快乐时光。

这数十名俱乐部成员全都是头发灰白的老者，而且全都是单身人士。他们聚集在一簇簇风滚草旁开始饮酒、讲故事。这个俱乐部是在西部的高速公路上打发时光的、人数越来越多的退休者大军中的一支队伍，斯拉布城是他们的最新休憩地点。他们在临时搭起的帐篷上空升起美国国旗，国旗在沙漠的疾风中呼啦作响。

埃尔伍德·威尔逊问道："你以为我们会愿意整天闲坐着不动吗？"他喝下一大口米尔沃基啤酒后说："绝非如此。"上年纪了，住进退休者之家，日夜守在电视机旁，周日没完没了地招待儿女和孙辈——谁愿意过这样的日子？他们所向往的是没有尽头的公路，尤其是西部那些一流的高速公路。

由于提前退休的人有所增加和医学的进步使更多的老年人健康长寿，也由于现在有了像佛罗里达公寓一样舒适的新型车辆，以公路为家变成了一种比较容易适应的生活方式。许多人卖掉房子，把家当存放起来，把终生的储备兑换成金钱，然后告别自己旧有的生活方式，乘坐各式各样的车辆，冬季穿行于西部广袤的沙漠，夏季漫游于太平洋西北沿岸茂密的森林，然后在适当的时候再转动方向盘，开始新的游历。

有些人在公路上生活得太久了，以至于对其他生活方式都不能接受。退休护士佩吉·韦布自5年前和她那退役的丈夫卖掉房子起，就一直驾车漫游。一天早上，她一边在画板上练习绘画一边说："我从未想到我会有这样的勇气。但是，我们的孩子都长大成人了。我们住在空空荡荡的房子里，不知该干什么？于是我们便上路了。现在我认为我永远不会再像以前那样生活了。"

也许，这种生活方式该算最彻头彻尾的"简单生活"了。人们几乎都在通过自己独特的途径探索最简单的、最符合心灵需求的新生活方式，以替代目前日渐奢侈、日渐繁冗的生活。

简单的生活，快乐的源头，为我们省去了汲汲于外物的烦恼，又为我们开阔了身心解放的快乐空间。"简单生活"并不是要你放弃追求，放弃劳作，而是要抓住生活、工作中的本质及重心，以四两拨千斤的方式，去掉世俗浮华的琐务。

简单，每每能找到生活的快乐，平凡是人生的主旋律，简单则是生活的真谛。

让都市人的心灵回归简单

人生就好像带着背包去旅行，背的东西越多，自己的脚步就会越沉重。

《简单生活》作者丽莎·茵·普兰特说过，"简单不一定最美，但最美的一定简单"。由此可见，最美的生活也应当是简单的生活。在西方社会，简单主义正在成为一种新兴的生活主张。因为大多数的生活以及许多所谓的舒适生活，不仅不是必不可少的，而且是人类进步的障碍和历史的悲哀。在这种情况下，人们更愿意选择另一种生活方式，过简单而真实的生活。

一天夜里，凯瑞在她的无电小屋中和家人围坐在炉火前望着窗外的星空，静静地聆听，静静地观察。桌上几只蜡烛跳动着火焰，炉中黑色的铁锅在冒着热气。玛丽在她所在的社区的一次停电中，发现了许多事情的真相。在那次意外的停电中，玛丽和她的家人，对黑暗所带来的神秘和欢喜的体验印象深刻。黑暗给人们带来的不仅有神奇的萤火虫，还有城市的静寂、久违的家庭温馨和邻里的关怀。

当你用一种新的视野观察生活、对待生活时，你会发现简单的东西才是最美的，而许多美的东西正是那些最简单的事物。

有这么一位行吟诗人，他一生都住在旅馆里。他不断地从一个地方旅行到另一个地方。他的一生都是在路上、在各种交通工具和旅馆中度过的。当然这并不是因为他没有能力为自己买一座房子，这是他选择的生存方式。后来，鉴于他为文化艺术所做的贡献，也鉴于他已年老体衰，政府决定免费为他提供住宅，但他还是拒绝了，理由是他不愿意为房子之类的麻烦事情耗费精力。就这样，这位特立独行的行吟诗人，在旅馆和路途中度过了自己的一生。他死后，朋友为他整理遗物时发现，他一生的物质财富就是一个简单的行囊，行囊里是供写作用的纸笔和简单的衣物；而在精神财富方面，他给世界留下了10卷优美的诗歌和随笔作品。

这位诗人的生活是简单而富有意义的。他的人生是一种去繁就简的人生，没有太多不必要的干扰，没有太多欲望的压迫，是一种简单而又纯粹的人生。

人的一生难免会有许多追求，不知不觉中我们已经拥有了很多，这些东西有些是我们必需的，而有些却是没有一点用处的。那些没有实际用处的东西，除了满足我们的虚荣心和攀比心以外，只会将我们的心灵弄得烦躁不安。

就好像带着背包去旅行，装的东西越多，自己的脚步就会越沉重。所以，与其让自己在疲惫与痛苦中前行，不如将心里的包袱放下。就做最简单的自己，就做最快乐的自己。

在人生路上轻装前行

弘一法师出家前的头一天晚上，与自己的学生话别。学生们对老师能割舍一切遁入空门既敬仰又觉得难以理解，一位学生问："老师为何而出家？"

法师淡淡答道："无所为。"

学生进而问道："忍抛骨肉乎？"

法师给出了这样的回答："人世无常，如暴病而死，欲不抛又安可得？"

世上人，无论学佛的还是不学佛的，都深知"放下"的重要性。可是真能做到的，能有几人？如弘一法师这般放下令人艳羡的社会地位与大好前途、离别妻子骨肉的，可谓少之又少。

"放下"二字，诸多禅味。我们生活在世界上，被诸多事情拖累，事业、爱情、金钱、子女、财产、学业……这些东西看起来都那么重要，一个也不可放下。要知道，什么都想得到的人，最终可能会为物所累，导致一无所有。只有懂得放弃的人，才能达到人生至高的境界。

孟子说："鱼，我所欲也；熊掌，亦我所欲也，二者不可得兼，舍鱼而取熊掌者也。"当我们面临选择时，必须学会放弃。弘一法师为了更高的人生追求，毅然决然地放下了一切。丰子恺在谈到弘一法师为何出家时做了如下分析：

"我以为人的生活可以分作三层：一是物质生活，二是精神生活，三是灵魂生活。物质生活就是衣食；精神生活就是学术文艺；灵魂生活就是宗教——'人生'就是这样一座三层楼。懒得（或无力）走楼梯的，就住在第一层，即把物质生活弄得很好，锦衣玉食、尊荣富贵、孝子慈孙，这样就满足了——这也是一种人生观，抱这样的人生观的人在世间占大多数。其次，高兴（或有力）走楼梯的，就爬上二层楼去玩玩，或者久居在这里头——这就是专心学术文艺的人，这样的人在世间也很多，即所谓'知识分子''学者''艺术家'。还有一种人，'人生欲'很强，脚力大，对二层楼还不满足，就再走楼梯，爬上三层楼去。他们做人很认真，满足了'物质欲'还不够，满足了'精神欲'还不够，必须探求人生的究竟；他们以为财产子孙都是身外之物，学术文艺都是暂时的美景，连自己的身体都是虚幻的存在；他们不肯做本能的奴隶，必须追究灵魂的来源、宇宙的根本，这才能满足他们的'人生欲'，这就是宗教徒。

"我们的弘一大师，是一层层地走上去的……故我对于弘一大师的由艺术升华到宗教，一向认为当然，毫不足怪。"

丰子恺认为，弘一法师为了探知人生的究竟、登上灵魂生活的层楼，把财产子孙都当作身外物，轻轻放下，轻装前行。这是一种气魄，是凡夫俗子难以领会的情怀。

我们每个人都是背着背囊在人生路上行走，负累的东西少，走得快，就能尽早接触到生命的真意。遗憾的是，我们想要的东西太多太多了，自身无法摆脱的负累还不够，还要给自己增添莫名的烦忧。禅宗的一个公案讲述的就是这样一个故事：

希迁禅师住在湖南。禅师有一次问一位新来参学的学僧道："你从什么地方来？"

学僧恭敬地回答："从江西来。"

禅师问："那你见过马祖道一禅师吗？"

学僧回答："见过。"

禅师随意用手指着一堆木柴问道："马祖禅师像一堆木柴吗？"

学僧无言以对。

因为在希迁禅师处无法契入，这位学僧就又回到江西见马祖禅师，讲述了他与希迁禅师的对话。马祖道一禅师听完后，安详地一笑，问学僧道："你看那一堆木柴大约有多少重？"

"我没仔细量过。"学僧回答。

马祖哈哈大笑："你的力量实在太大了。"

学僧很惊讶，问："为什么呢？"

马祖说："你从南岳那么远的地方，背了一堆柴来，还不够有力气？"

仅仅一句话，这位学僧就当作一个莫大的烦恼执着地记在心中，从湖南一路记到江西，耿耿于怀不肯放下，难怪马祖会说他"力气大"。我们的心有多大的空间能承载下这些无意义的东西？

天空广阔能盛下无数的飞鸟和云，海湖广阔能盛下无数的游鱼和水草，可人并没有天空开阔的视野也没有海广阔的胸襟，要想能有足够轻松自由的空间，就得抛去琐碎的繁杂之物，比如无意义的烦恼、多余的忧愁、虚情假意的阿谀、假模假式的奉承……

如果把人生比作一座花园，这些东西就是无用的杂草，我们要学会将这些杂草铲除。

放弃实权虚名，放弃人事纷争，放弃变了味的友谊，放弃失败的爱情，放弃破裂的婚姻，放弃不适合自己的职业，放弃异化扭曲自己的职位，放弃暴露你的弱点、缺陷的环境和工作，放弃没有意义的交际应酬，放弃坏的情绪，放弃偏见、恶习，放弃不必要的忙碌、压力……勇敢大胆地放下，不要像故事里的那位学僧，把一捆重柴背在身上不放手。如果不懂得放下，我们会比那位学僧更可悲，因为我们面对琐碎的生活，需要担起的柴火，比他要多得多。

跳出忙碌的束缚，丢掉过高的期望

欧仁和他的妻子王佳原来在一家国营单位供职，夫妻双方都有一份稳定的收入。每逢节假日，夫妻俩都会带着5岁的女儿小燕去游乐园打球，或者到博物馆去看展览，一家三口其乐融融。后来，经人介绍，欧仁跳槽去了一家外企公司，不久，在丈夫的动员下，王佳也离职去了一家外资企业。凭着出色的业绩，欧仁和王佳都成了各自公司的骨干力量。夫妻俩白天拼命工作，有时忙不过来还要把工作带回家。5岁的女儿只能被送到寄宿制幼儿园里。王佳觉得自从自己和丈夫跳到体面又风光的外企之后，这个家就有点旅店的味道了。孩子一个星期回来一次，有时她要出差，就很难与孩子相见。不知不觉中，孩子幼儿园毕业了，在毕业典礼上，她看到自己的女儿表演节目，竟然有点不认得这个懂事却可怜的孩子。孩子跟着老师学习了那么多，可是在亲情的花园里，她却像孤独的小花。频繁的加班侵占了周末陪女儿的时间，以至于平时最疼爱的女儿在自己的眼中也显得有点陌生了。这一切都让王佳陷入了一种迷惘和不安当中。

你是否和王佳一样经常发现自己莫名其妙地陷入一种不安之

中，而找不出合理的理由。面对生活，我们的内心会发出微弱的
呼唤，只有躲开外在的嘈杂喧闹，静静聆听并听从它，你才会做
出正确的选择，否则，你将在匆忙喧闹的生活中迷失，找不到真
正的自我。

　　一些过高的期望其实并不能带来快乐，但却一直左右着我们
的生活：拥有宽敞豪华的寓所；让孩子享受最好的教育，成为最
有出息的人；努力工作以争取更高的社会地位；能买高档商品，
穿名贵的时装；跟上流行的大潮，永不落伍。要想过一种简单的
生活，改变这些过高期望是很重要的。富裕奢华的生活需要付出
巨大的代价，而且并不能相应地给人带来幸福。如果我们降低对
物质的需求，改变这种奢华的生活时装，我们将节省更多的时间
充实自己。简单的生活将让人更加自信果敢，珍视人与人之间的
情感，提高生活质量。幸福、快乐、轻松是简单生活追求的目标。
这样的生活更让人认识到生命的真谛所在。

　　生活需要简单来沉淀。跳出忙碌的束缚，丢掉过高的期望，
走进自己的内心，认真地体验生活、享受生活，你会发现生活原
本就是简单而富有乐趣的。简单生活不是忙碌的生活，也不是贫
乏的生活，它是一种不让自己迷失的方法，你可以因此抛弃那些
纷繁而无意义的生活，全身心投入你的生活，体验生命的激情和
至高境界。

在日历中留一些空白

　　"9月5号参加一个重要的谈判" "9月6号参加公司的高层
管理会议" "12月7号去美国检查分公司的工作"……

　　生活中，很多人的日程都是被提前安排得满满的。的确，他
们是真的很忙，总有做不完的工作。但是，无论多么忙，我们总
是可以在日历上留一些空白页。当你在繁忙的工作之余，看到日
历上没有任何计划的空白页，你的心中会很奇妙地有一种安详宁

静的感觉。"留白"是完全属于你的时间，你可以想做什么就做什么，也可以什么事都不做。在你的日历上留白，会给你一种平静的感觉，感觉自己拥有大把珍贵的时间。

在你容许自己的生活中留白之前，你永远找不到时间去做你真正想做的事。但是只要你能为自己留一些空白时间，你就能为自己做一些事，而不只是在应允别人的要求。通常你周围的人会要求你做一些事，或者你的邻居、朋友与家人需要你为他们做些什么。除此之外，你还有些社会责任，有些是你爱做的，有些则是你应尽的义务。

当然，来自工作，甚至陌生人的恳求也是不断的，譬如电话拜访或推销员的打扰，感觉上好像每个人都想侵占一点你的时间，只有你自己一点时间也没有。

唯一的解决之道是与自己定个约会。和自己订约会的方法很简单：在日历上画出几个不让任何人打扰的空白日子即可。

当你在看你的行事日历时，你会发现这个星期六的二点半到四点半之间是属于自己的时间。除非是有特殊的事情发生，任何人都不能从你手中抢走这段时间。也就是说，任何人要求你在这段时间做任何事——同事约你谈一个工作计划、有人要等你的电话，或是客户需要你帮忙等——任何事都不行，因为你已经有计划了，而这个计划是跟你自己在一起。在这个月接近月底的时候，还有另一天是画掉的空白日子，那也是个和自己约会的神圣时光，你必须确定那天绝不会被别的事填满。

你可以想象得到，和自己约会是需要时间慢慢去适应的。也许刚开始这么做时，你的心中总是满怀恐慌，好像在浪费时间，错失机会，甚至自私自利。尤其是当你的日历上还有空白时，你实在很难向别人说你没有时间！不过，很快你就会知道和自己约会是让自己精神愉快的最有效的方法。

在日历中留白将成为你的行事日历中最重要的计划，也是你最珍惜最愿意保留的重要时光。但这并不是说你的工作对你而言就不重要，或是你与家人在一起的时光没有价值。而是这段空白的时光对你的心灵有平衡与滋养的作用，缺乏了这样的时间，你很容易变得暴躁易怒、沮丧不安。

为了让自己随时保持精神的愉快，你可以从今天开始与自己定个约会。首先是从行事日历中挑选一段固定的时间，一周一次或一个月一次都可以，而且时间长短不限，就算只是几小时也可以，重点在你为自己留下了一点空白。其次是当别人要跟你约定时间时，绝对不能将这段可贵的留白时光牺牲了。你要特别珍惜这样的时光，甚至比任何时光都重要，别担心，你绝不会因此而变成一个自私的人，相反，当你再度感到生命是属于自己的时候，你会感到无尽的欢乐，也更能感觉到生活的美好。

涤荡唠叨的争吵，弹奏生活的和谐

有时候我们觉得生活亏待了自己，所以总是对生活怀有很大的怨气。这些怨气发泄出来的时候，又会牵连到我们身边的人，于是很多无缘无故的争吵，破坏了我们生活的和谐……

有两个有着特殊背景的人都有着亚洲血统，后来都被来自欧洲的外交官家庭所收养。两个人都上过世界有名的学校。但他们两个人之间存在着不小的差别：其中一位是40岁出头的成功商人，他实际上已经可以退休享受人生了；而另一个是学校教师，收入低，并且一直觉得自己很失败。

有一天，他们一起去吃晚饭。晚餐在烛光映照中开场了，他们开始谈论在异国他乡的趣闻轶事。随着话题的一步步展开，那位学校教师开始越来越多地讲述自己的不幸：她是一个如何可怜的亚细亚孤儿，又如何被欧洲来的父母领养到遥远的瑞士，她觉得自己是如何的孤独。

开始的时候，大家都表现出同情。随着她的怨气越来越重，那位商人变得越来越不耐烦，终于忍不住制止了她的叙述："够了！你一直在讲自己有多么不幸。你有没有想过如果你的养父母当初在成百上千个孤儿中挑了别人又会怎样？"学校教师直视着商人说："你不知道，我不开心的根源在于……"然后接着描述她所遭遇的不公正待遇。

最终，商人朋友说："我不敢相信你还在这么想！我记得自己25岁的时候无法忍受周围的世界，我恨周围的每一件事，我恨周围的每一个人，好像所有的人都在和我作对似的。我很伤心无奈，也很沮丧。我那时的想法和你现在的想法一样，我们都有足够的理由抱怨。"他越说越激动。"我劝你不要再这样对待自己了！想一想你有多幸运，你不必像真正的孤儿那样度过悲惨的一生，实际上你接受了非常好的教育。你负有帮助别人脱离贫困漩涡的责任，而不是找一堆自怨自艾的借口把自己围起来。在我摆脱了顾影自怜，同时意识到自己究竟有多幸运之后，我才获得了现在的成功！"

那位教师深受震动。这是第一次有人否定她的想法，打断了她的凄苦回忆，而这一切回忆曾是多么容易引起他人的同情。

商人朋友很清楚地说明他二人在同样的环境下历经挣扎，而不同的是他通过清醒的自我选择，让自己看到了有利的方面，而不是不利的阴影，"凡墙都是门"，即使你面前的墙将你封堵得密不透风，你也依然可以把它视作你的一种出路。

琐碎的日常生活中，每天都会有很多事情发生，如果你一直沉溺在已经发生的事情中，不停地抱怨，不断地自责，这样下去，你的心境就会越来越沮丧。只懂得抱怨的人，注定会活在迷离混沌的状态中，看不见前头亮着一片明朗的人生天空。

有时候，人生就是这样的，你坦然面对，却突然发现原来的事情都不算是事儿了。就像俗语所说的：天没放晴，是因为雨没下透，下透了，自然就晴了。所以要学会控制自己的情绪，跟家人和朋友一起，享受坦然的生活，追逐自然的幸福。

给"活得累"开个新药方

现代社会中，工作和生活的节奏不断加快，竞争也日渐激烈，如果人们不注意调整自己的心态，就很容易感到身心疲劳，即人们常说的"活得累"。

有位医生在给一位企业家进行诊疗时，劝他多多休息。这位企业家愤怒地抗议说："我每天承担巨大的工作量，没有一个人可以分担一丁点的业务。大夫，您知道吗？我每天都得提一个沉重的手提包回家，里面装的是满满的文件呀！"

"为什么晚上还要批那么多文件呢？"医生讶异地问道。

"那些都是必须处理的急件。"企业家不耐烦地回答。

"难道没有人可以帮你忙吗？助手呢？"医生问。

"不行呀！只有我才能正确地批示呀！而且我还必须尽快处理完，要不然公司怎么办呢？"

"这样吧！现在我开一个处方给你，你能否照着做呢？"医生有所决定地说道。

这病人听完医生的话，读着处方的规定：每天散步两小时；每星期空出半天的时间到墓地一次。病人怪异地问道："为什么要我去墓地呢？"

"因为……"医生不慌不忙地回答，"我是希望你四处走一走，瞧一瞧那些与世长辞的人的墓碑。你仔细思考一下，他们生前也与你一样，认为全世界的事都得自己扛在双肩，如今他们全都永眠于黄土之中，也许将来有一天你也会加入他们的行列，然而整个地球的活动还是永恒不断地进行着。而其他世人们仍是如你一般继续工作。我建议你站在墓碑前好好地想一想这些摆在眼前的事实。"医生这番苦口婆心的劝说终于敲醒了企业家，他依照医生的指示，放慢生活的步调，并且转移一部分职责，他知道生命的真义不在急躁或焦虑，他的心已经得到平和，也可以说他比以前活得更好，当然事业也蒸蒸日上。

"生活太累了！"经常听见有人喊出这样的一句话。其实，生活本身并不累，它只是按照自然规律，按照本身的规律在运转。说生活太累的人是本人活得太累了。心理学家认为：有"活得累"想法的人，大多数得的是"心病"，也就是他们的心理失去平衡或发生障碍。

心累与身累的最大不同是，身累睡眠状况特好，往往一入睡就睡得很沉，被人抬走了都不知道，一旦醒来，便觉浑身轻松，精神百倍；而心累虽然十分疲乏，但睡眠相当不好，常常失眠，越命令自己不考虑事儿越是接二连三地考虑，甚至上下五千年纵横八万里的事情全都涌向心头。好不容易入睡了，却不是被一点小声音弄醒，就是被梦魇惊醒，醒来后头晕目眩，跟大病了一场似的，而且很难再次入睡，往往形成恶性循环。

人生苦短，拼搏之余学会放松自己，给自己一点时间去休息，才是享受人生。累了，当然要歇一会儿，每个人都要学会善待自己，留下每一个歇息的足迹！

内心不依赖外物，即获得自由

何为逍遥？庄子在《逍遥游》中将其解说为："若夫乘天地之正，而御六气之辩，以游无穷者，彼且恶乎待哉！"意思是说，如果人们能做到顺应天地万物的本性，把握六气的变化，而在无边无际的境界中遨游，他们就不必再仰赖什么了。这样的人，因为不依赖外物，自然能逍遥遨游于天地之间。

一个人为什么不能够得到逍遥，他的精神为什么不能获得自由呢？学术大师徐复观先生通过对《庄子》一书分析认为：一个人之所以不能获得自由，就是因为自己不能支配自己，而须受外力的牵连。受外力的牵连，即会受到外力的限制甚至支配。这种牵连，庄子称之为"待"。

现实生活中，我们每天都渴望获得自由，一个人要想获得人生的自由，必须超越"待"字，摆脱外力的牵连，才能真正达到逍遥游的境界。

有一则逸事，即在告诫人们无谓的执着是多么愚蠢的事情。

那是马祖和尚和南岳和尚正在修行时所发生的事情。一天，南岳和尚来拜访马祖和尚说："马祖，你最近在做什么？"

"我每天都在坐禅。"

"哦，原来如此，你坐禅的目的是什么？"

"当然是为了成佛呀！"

坐禅是为了观照真正的自我，而悟道成佛，这是一般人对坐禅的认识，马祖也这么认为。

可是，南岳和尚一听到马祖的话，竟然拿来一枚瓦片，默默地磨了起来，觉得不可思议的马祖便开口问：

"你究竟想干什么啊？"

南岳平静地回答："你没有看到我在磨瓦吗？"

"你磨瓦做什么？"

"做镜子。"

"大师，瓦片是没法磨成镜子的。"

"马祖啊，坐禅也是不能成佛的。"

南岳和尚用瓦片不能磨成镜子的道理来告诉马祖，坐禅也不能成佛，这个对话的内容看似有点滑稽，实际上意义深远。

如前所述，一般人都认为坐禅是悟道成佛的唯一方法，因此在修行时非常重视坐禅，主张彻底地去做；不过，南岳看到马祖天天坐禅的生活，却予以否定的评价。

为什么呢？南岳言外之意是想告诉马祖，他过分执着坐禅的形式和手段。虽然坐禅很有意义，可是如果被坐禅束缚，心的自由就会受到制约、控制，也就无法悟道成佛了。因此，坐禅的方法虽然是禅最重视的，一旦过分执着其中，反而需要予以否定了。如此这般，以禅的立场来看，执着必须全被否定，否则一旦陷入执着，就什么东西也得不到了。

换言之，人们常常执着一些东西来过日子，可是一旦持有执着的心情，就无法真正自由地生活，也无法用禅性的想法来谋求自我实现。一个人如果不懂得放下，就会执着于外物，就会在做事的时候有所分心，这样的人无法获得最后的成功，更何谈精神的自由呢？

因此，一个人不但要学会执着，更要学会放，就像庄子所说的，如果能够遵循宇宙万物的规律，把握"六气"的变化，遨游于无穷无尽的境域，他还仰赖什么呢？一个人不再依赖外物的时刻，就是获得自由的时刻！

舍掉一些无谓的忙碌

大家都有这样的体验：从早到晚忙忙碌碌的，没有一点空闲，但当你仔细回想一下，又觉得自己这一天并没有做什么事。这是因为我们花了很多时间在一些无谓的小事上，泛滥的忙碌只会让我们失去自由。

《时代杂志》曾经报道过一则封面故事《昏睡的美国人》，大概的意思是说：很多美国人都很难体会"完全清醒"是一种什么样的感觉。因为他们不是忙得没有空闲，就是有太多做不完的事。

美国人终年"昏睡不已"，听起来有点不可思议。不过，这并不是好玩的笑话，这是极为严肃的话题。

仔细想一想，你一年之中是不是也像美国人一样，没多少时间是"清醒"的？每天又忙又赶，熬夜、加班、开会，还有那些没完没了的家务，几乎占据了你所有的时间。有多少次，你可以从容地和家人一起吃顿晚饭？有多少个夜晚，你可以不用担心明天的业务报告，安安稳稳地睡个好觉？

应接不暇的杂务明显成为日益艰巨的挑战。许多人整日行色匆匆，疲惫不堪。放眼四周，"我好忙"似乎成为一般人共同的口头禅，忙是正常，不忙是不正常。试问，还有能在行程表上挤出空档的人吗？

奇怪的是，尽管大多数人都已经忙昏了，每天为了"该选择做什么"而无所适从，但绝大多数的人还是认为自己"不够"。这是最常听见的说法，"我如果有更多的时间就好了""我如果能赚更多的钱就好了"，好像很少听到有人说："我已经够了，我想要的更少！"

事实上，太多选择的结果，往往是变成无可选择。即使是芝麻绿豆大的事，都在拼命消耗人们的精力。根据一份调查，有50%的美国人承认，每天为了选择医生、旅游地点、该穿什么衣服而伤透脑筋。

如果你的生活也不自觉地陷入这种境地，你要来个"清理门户"的行动，那么以下有三种选择：第一，面面俱到。对每一件事都采取行动，直到把自己累死为止。第二，重新整理。改变事情的先后顺序，重要的先做，不重要的以后再说。第三，丢弃。你会发现，丢掉的某些东西，其实是你一辈子都不会再需要的。

当你发现自己被四面八方的各种琐事捆绑得动弹不得的时候，难道你不想知道是谁造成今天这个局面？是谁让你昏睡不已？答案很明白——是你，不是别人。

昏睡中忙碌着的你我，必须学会割舍，才能清醒地活着，也才能享受更大的自由。

别让外界干扰心灵的自由

人心总是贪婪的，越是没有能力得到的东西，越是拼命地想得到。可拿得起来却又放不下，徒然增加心灵的负担，于是焦虑也就出现了。

我们应该学习庄子，他面对纷繁复杂的世界总是能够从容淡泊，用一种自由心态来笑对得失。

对绝大多数人来说，死亡是最恐怖的一件事，那些得绝症死去的人有不少纯粹是被死亡吓死的。而庄子面对死亡，居然还会幽默，还能谈笑自如，可见他的心已经与自然融为一体，获得了真正的自由。

庄子告诉我们，一个人身体的自由算不上自由，只有心灵的自由才是真正的自由。庄子在《齐物论》中写道："今日吾丧我。"这句话里的"吾"和"我"不都是"我"的意思吗？当然不是，"吾"在这里指这个人，而"我"在这里指这个人的内心。一个人如果没有了自己独立的思想意识，便成了"丧我"，便成了一个行为意识受他人支配的人，这样的人，很难找到真正的自由。

让我们一起来看这样一个故事：

有一天，夏王把后羿请去，说："我听说你射箭的本领很高超，现在我想请你表演一下。"说着，就让人竖起一块一尺见方的兽皮和一个直径一寸的靶子。后羿弯弓搭箭刚要射，夏王说："等等，我们来打个赌，你如果射中了，我就赏给你一万两黄金；如果射不中，我就削夺你一百里的封地。"

后羿听了，心里忐忑不安，勉强拿起弓，搭上箭，向兽皮射去，没有射中，又射了一箭，还是射不中。夏王就问其他人："后羿一向是百发百中的，今天却连一下也射不中，这是因为什么呢？"

有一个人回答说："后羿之所以射不中，是因为他心里有了得失之心。他既要为射中得到一万两的黄金而喜，又要为射不中削夺一百里封地而忧。要是能免除这些外在的喜忧的话，那么天底下的人都能成为无愧于后羿的射手！"

后羿之所以射不中，是因为他把黄金和封地看得太重了，因而无法全力以赴。平常我们不是不能把事情做好，而是在做事的时候，让太多的东西分散了我们的精力，患得患失。例如，考试时，有的人会在做题的时候想："要是这次没有考好，爸爸说给我买的电脑就泡汤了。""要是不及格，妈妈一定会打我的。"就这样，瞻前顾后心绪不宁，等回过神来的时候，考试都快结束了。

庄子曾经用一个非常动感的词来描述心灵的自由——坐驰。怎样才能"坐驰"呢？坐在那里，身子不动，心灵在宇宙之间自由。一个人的肉体是可以被羁绊的，但是一定不要给你的心灵戴上枷锁。当下社会中的人，如果能够保持心灵的自由，那他在人间也就获得了真正的自由，焦虑、恐慌自然是无影无踪。

快节奏是现代人的"焦虑之源"

在现代社会，生活节奏越来越快，各种压力纷至沓来：考试升学的压力，就业的压力，职场中的压力，来自恋人的压力，来自父母的压力，来自子女的压力，来自房子、车子与更高级的证书的压力，来自医院的压力……面对众多的压力，很多人常常控制不住自己的情绪，结果不仅自己失态，还会给周围的人造成很不好的影响。

40岁的阿利是一位 IT 高级主管，他的好脾气在单位是出了名的，但最近部门的销售形势出现了"瓶颈"，尽管大家都很卖力，但业绩榜上还是"吃白板"。

有一天，总经理关起门，"和颜悦色"地给他上起了销售培训课，即便没有一句训斥的话，可他还是觉得脸上挂不住。恰巧，工作一向认真的助理丽丽把一份报告打错了，于是一股无名之火窜了上来，他拍着桌子，把报告扔到了丽丽头上，小姑娘眼泪滴滴答答地往下流，他还仍然扯着嗓子不罢休！后来冷静下来，他自己也觉得有些失态，很是懊悔。

快节奏的生活给现代人的情绪带来了恶劣的影响，你肯定也有过这样的体会：莫名其妙地发脾气、烦躁，看什么都不顺眼；坐公交车、地铁，看旁边两个人有说有笑就来气；别人不小心踩了你的脚，你就像找到发泄的渠道一样，跟人大吵一架……其实，这些坏情绪都是压力带给你的，当压力越来越大，你的情绪就越来越差。然而，这还不是最可怕的，一旦压力超过了你的心理承受极限，大脑神经系统功能就会乱，出现失眠、头痛、焦虑、强迫、心慌、胃部不适等精神症状和躯体症状，进而引发身体疾病。

陈先生是一家企业的营销主管，每年的销售任务都很重，同行业竞争又特别激烈。他说自己都快成了"空中飞人"了，一个城市接一个城市地出差，没有节假日，有时候午饭都没时间坐下来吃，常常是边走边吃边思考。最近他经常感到胸闷不舒服，刚开始没有太在意，后来，情况更加严重，出现气短、心跳加快、出虚汗等现象，到医院检查才知道患了冠心病。

如今社会上像陈先生这样的人还有很多。由于工作节奏的不断加快，人们身不由己地过着超速的日子，许多人在不知不觉中损害了自己的身心健康。人们不得不时时刻刻想着自己的工作，累了、倦了、病了也要坚持，因为他们害怕一旦慢下来、停下来就会被别人超越，那么以前的努力就全白费了。在这种思想的控制下，人的精神处于越来越紧张的状态。

受压抑的感情冲突未能得到宣泄时，就会在肉体上出现疲劳症状，甚至引起心理的扭曲变态，导致心理疲劳。在此种情况下，一旦发生弹性疲乏，势必造成精神上的崩溃。长期从事快节奏工作的人还会出现神经衰弱的各种症状，例如，烦躁不安、精神倦怠、失眠多梦等神经症状，以及心悸、胸闷、筋骨酸痛、四肢乏力、腰酸腿痛和性功能障碍等其他症状，甚至可能引发高血压、冠心病、癌症等疾病。可以说，快节奏工作的人永远在寻找"奶酪"，但永远无法享受"奶酪"。

生活不是一味地快，也不是一味地慢，有些人之所以跟不上生活的快节奏，是因为他们自己的步调乱了，太着急"赶路"而不懂得休息，心里太躁而不知道如何让它平静下来。虽然快节奏是现代生活的主旋律，但是适当的停歇是必不可少的。快和慢都是生活所必需的，学会快中有慢、忙里偷闲，才会使生活趋于平衡，保持合理的节奏。

享受快乐"慢生活"

一位知名的女作家说过，品味生活，在于抓住生活的空隙。一些不经意间发生的事情，往往会带来许多欢乐。生活的意义，正如一杯清茶，谁都能体会到它的清苦，可只有细细品味，才能体会到其中的香醇。

也许你会问，在竞争如此激烈的年代，哪儿有资本慢下来啊？其实不然，"慢生活"并非让你放弃自我、无所事事，它与物质的富有程度也没有多大关系，"慢生活"中的"慢"更多的是一种健康的心态，一种积极的生活态度。对我们普通人来说，每一天都是当"慢人"的好时候，只要你运用得当，做个有品位、有资本的"慢人"绝不是什么难事，更不是什么坏事。

埃玛·盖茨博士是美国教育家、哲学家、心理学家、科学家和发明家，他一生中在艺术领域和科学领域中做了许多发明，有许多发现。

盖茨博士的个人生活证实，他锻炼脑力和体力的方法可以培养健康的身体并促进心智的灵活。他思考问题非常全面。

拿破仑·希尔曾带着介绍信前往盖茨博士的实验室去见他。当希尔到达时，盖茨博士的秘书告诉他说："很抱歉……这时候我不能打扰盖茨博士。"

"要过多久才能见到他呢？"希尔问。

"我不知道，恐怕要三个小时。"她回答。

"那么你能告诉我原因吗？"

她迟疑了一下然后说："他正在静坐冥想。"

希尔忍不住笑了："那是什么意思啊——静坐冥想？"

她笑了一下说："最好还是请盖茨博士自己来解释。我真的不知道要多久，如果你愿意等，我们很欢迎；如果你想以后再来，我可以留意，看看能不能帮您约一个时间。"

于是希尔决定留下来，而且他也发觉这个等待是多么有价值。

下面是希尔所描述的情形：当盖茨博士终于走进房间里时，他的秘书给我们介绍，我开玩笑地把她所说的话告诉他，在他看过介绍信以后高兴地说："你想不想看看我静坐冥想的地方，并且了解是怎么做的？"

于是他领我到一个隔音的房间去，这个房间里唯一的家具是一张简朴的桌子和一把椅子，桌子上放着几本白纸簿、几支铅笔以及一个可以开关电灯的按钮。

从谈话中我慢慢得知：盖茨博士每次遇到棘手的问题时，就走到这个房间来，关上房门坐下，熄灭灯光，让全部心思进入深沉的集中状态。他就这样运用"集中注意力"的方法，要求自己的潜意识给他一个解答。等整个思路比较清晰明了时，他就会立刻抓紧时间把它记录下来。

埃玛·盖茨博士曾经把别的发明家努力过却没有成功的发明重新研究，使它尽善尽美，因而获得了200多种专利权，他就是能够加上那些欠缺的部分——另外的一点东西。

在忙碌的现代社会，只有放慢脚步才能找到生活的美，才能在自己的生活体验中发现新的深度。漫步在幽深的小路上，呼吸着清新的空气，透过林荫，怀着一种悠闲的心情细数阳光洒在地上碎石般的条纹，或者闭上眼睛，感受扑面而来的淡淡花香。仰天长望，几朵白云在轻轻地飘；哼一首无名的小曲，默念一首小诗。这些都会让你充分地感受到生活之美。

慢，生活和工作之间的一个美丽的平衡点；慢生活，一种有条不紊、有张有弛的生活节奏。在快节奏生活中慢下来，以平和的心态面对生活中的各种压力和诱惑，虽然会损失金钱，但却丰富了生命。

在繁忙的生活中，我们忘了停下脚步来思考这个根本的问题，很多人都在忙着用生命去赚钱，却很少有人去规划一个值得拥有的生命。如果你也是这样，也许就会像下面这个故事中的狐狸一样——忙来忙去，到头来还是一场空。

有一只狐狸想溜进一个葡萄园里大吃一顿，但是栅栏的空隙太小，它钻不进去。在狠狠地节食了三天后，它总算能钻进去了。但是当它大吃一顿以后，却又出不来了，只好在里面又饿了三天，才出得来。这只狐狸感慨地说："忙来忙去，到头来还是一场空。"

当你一个人静下来的时候，你有没有问过自己："每天忙来忙去，我到底在忙什么？我真正追求的是什么？"研究发现，约有93％的人不清楚自己的价值观是什么，他们不知道自己忙来忙去究竟要到哪里去，如同水面上的浮萍一样，糊里糊涂地过了一生。他们的生活可以用三个字来概括——"忙、盲、茫"。

而那些太过实际的人，永远只会被生活所累，看不到生活中最精彩动人的细节。慢下来，细心欣赏一朵花的盛开，沉醉于一阵微风掠过，细想人生百味，咀嚼生活点滴，是何其简约和透彻的事情。

人忙，心不忙

忙碌是一种生活状态，但不应该成为心灵的常态。若只能从忙碌中体会到烦恼与纷扰，便很难体验到游刃有余、自由洒脱的心境。在忙碌的世俗生活中，保持一种平常心，将忙碌的劳累与不快沉淀到心底，并用岁月将其风干成一种曾经奋斗的记忆，才是在工作中获得快乐的方法。

"人忙心不忙"，星云大师的这句话简简单单，却又给忙碌的现代人无尽的启示。

如果你单纯用忙碌来填充自己的人生，那你的人生就只剩下了一种颜色——灰色。现代社会中工作带来的压力，在社会生活中的人际关系，会让你倍感焦灼，于是渐渐地，你就会陷入一种亚健康状态。很多现代人都是这种状态，这时，你就要转换对生活的态度，首先要把工作作为一种兴趣，带着激情去工作、去生活。

美国石油大王洛克菲勒也是由衷地热爱自己的事业。

他曾这样说："我永远也忘不了我做的第一份工作——簿记员的经历。那时，我虽然每天天刚蒙蒙亮就得去上班，而办公室里点着的鲸油灯又很昏暗，但那份工作从未让我感到枯燥乏味，反而很令我着迷喜欢，连办公室里的一切繁文缛节都不能让我对它失去热心。而结果是雇主总在不断地为我加薪。"

他还说："我从未尝过失业的滋味，这并非我的运气好，而在于我从不把工作视为毫无乐趣的苦役，我能从工作中找到无限的快乐。"

洛克菲勒在给儿子的信中，也这样说："如果你视工作为一种乐趣，人生就是天堂；如果你视工作为一种义务，人生就是地狱。"

若想人生不变成地狱，就请牢记这句话：视忙碌为一种乐趣。在当下生活中忙碌的同时，你还要学会享受生活，把生活当作一门艺术来看，随时放慢自己前行的脚步，让你的心松口气，你将收获别样的风景。

俗话说："磨刀不误砍柴工。"悠闲与忙碌并不矛盾。处理好二者的关系，最重要的是要能拿得起、放得下。忙碌时要全身心投入；放松时要彻底放松，不要总是对未完成的事情牵肠挂肚。

我们应该调配好我们的生活，不能忙时累个半死，闲时又闲得让人受不了。可以隔三差五地安排一个小节目，比如雨中散步、周末郊游等。适时的忙里偷闲，可以让人从烦躁、疲惫中及时摆脱，从而获得内心的平静和安详。

人的心灵就是一个广袤的天空，它包容着世间的一切；心灵是一片宁静的湖水，偶尔也会泛起阵阵涟漪；心灵是一块皑皑的雪原，它辉映出一个缤纷的世界。尘世间，无数人眷恋轰轰烈烈，为了金钱，或者为了名利而没头没脑地聚集在一起互相排挤。而生活的智者却总能留一江春水细浪淘洗劳碌身躯，存一颗闲静淡泊之心，净化灵魂。行走在职场的你更需要这样一种心境，别忘了：人忙，心不能忙。

若在忙碌中不感觉到辛苦，休息时又能为忙碌攒足充足的活力，就能做到人忙心不忙的安然态度。

第九章　淡看名利，人生知足才常乐

盲目攀比只能刺伤自己

生活的差别无处不在，于是人们在差别中不禁地产生了攀比的心理，而盲目攀比却让人们习惯性地将自己所做的贡献和所得的报酬与一个和自己条件相当的人进行比较。如果这两者之间的比值大致相等，那么彼此就会有公平感。如果某一方的比值大于另一方，那么另一方就会产生心理失衡。

攀比与不满足犹如一胞姐妹，相伴而生。攀比是不满足的前提和诱因，在没有原则没有节制地比安逸、比富有、比阔气中，致使心理失衡，越发不满足。有的人则为自己能在这些错误的攀比中出人头地、占据上风而无限度地追求个人名利，进而驱使自己不断走向腐化堕落的深渊。

某机关的公务员小季，过着安分守己的平静生活。有一天，他接到一位高中同学的聚会电话。十多年未见，小季带着重逢的喜悦前往赴会。昔日的老同学经商有道，住着豪宅，开着名车，一副成功者的派头。小季重返机关上班，好像变了一个人，整天唉声叹气，逢人便诉说心中的烦恼。

"这小子，考试老不及格，凭什么有那么多钱？"他说。

"我们的薪水虽然无法和富豪相比，但不也够花了吗？"他的同事安慰说。

"够花？我的薪水攒一辈子也买不起一辆奔驰车。"小季气得跳了起来。

"我们是坐办公室的，有钱我也犯不着买车。"他的同事看得很开。但小季却终日郁郁寡欢，后来得了重病，卧床不起。

攀比是一把刺向自己心灵深处的利剑，对人对己毫无益处，伤害的只是自己的快乐和幸福。

但攀比是人性最普遍的一面，说到攀比心人们自然会想到女人，因为女人，对事物的敏感是更胜一筹的。

巧姐在别人眼中是名副其实的"女强人"，做事干练果断，为人豪爽直率。她周围的一些男同事无不称赞其干劲和利落。因而，她也和他们一起称兄道弟。可是突然有一天，她无意间听到其中一位同事说："巧姐什么都好，就是缺少了些女人味，你看人家阿美，温柔娴静一看就知道是个好老婆……"巧姐听了很难过。虽然她平时是别人口中的女强人，但她希望在别人眼中也是水一样的女人。于是在以后的日子里，她尽量让自己变得有"女人味"。走路时"婀娜多姿"，说话时"柔声柔气"，可是她这样矫揉造作反而在别人眼里显得不伦不类，让人感觉怪怪的，"女人味"变成"怪人味"，巧姐心里更加委屈，整日郁郁寡欢，工作业绩也一落千丈。

其实，生活中每个人都有自己的个性，是女强人也好，是有"女人味"也罢，做一个真实的自己才是最好。巧姐看不得别人的"女人味"强过自己，所以才会导致自己拥有"怪人味"，让人觉得虚假、做作和不真实。巧姐在听到同事说她没有女人味时心里不舒服，当她把这种不舒服付诸行动时，就从潜意识发展为攀比。这种攀比往往会因为不被别人认同而给自己的心带来一种不小的冲击。如果内心的承受力强，冲击不会侵入而影响生活；如果内心承受力弱，冲击就会乘虚而入，影响个人生活。

所以，生活中认清自己尤为重要，不要让盲目的攀比变成一把利剑刺痛自己。

比上是挑战，比下是开悟

有一首歌谣这样唱道：人家骑马咱骑驴，走路遇见个挑担的，比上不足比下有余。人活着就要经常跟别人比，跟比尔·盖茨比吗？跟乔丹、姚明比吗？条件能力相差太远，一般还是跟周围的那些不如自己的但现在过得比自己强的人比，这么一比，就来火了，郁闷了。

人往往就是这样，很多烦恼都是因觉得不如周围的人而生出来的，其实世上本无事，实是庸人自扰之。别人固然有不如你的地方，但不是处处不如你，每个人都有生存的空间。也许他在他熟知的领域会超过你，这也并不说明你技不如人，只能代表你不了解某一方面的知识，说明他某些方面还是比你强，想明白了这些也就会没有心结了。如果你还是想不开，那就跟那些不如你的人比比，不妨做一回鲁迅笔下的阿Q！

人世间没有永远的赢家，也没有绝对的输家，正如自然界中，长青之树无花，艳丽之花无果的道理。所谓梅须欠雪三分白，雪却输梅一寸香。人各有其长，各有其短，每个人都有自己的优秀面，学会俯视，常往下比一比，生活必定会充满安逸。

李菁和李礼这两朵姊妹花自1995年以来一直效力于法意公司，而这家公司先后作为纪梵希、范思哲、幽兰、安娜苏等国际知名化妆品品牌的中国地区总代理，曾在进口化妆品市场中独霸一方。李菁和李礼的名字也总是一起出现，一个是市场部总监，一个是销售部总监，她们曾为这些品牌在中国的推广创下了骄人的战绩。

这两个女孩都出生于20世纪70年代，受过良好的高等教育。可任何美好事物的背后都不像表面那么光鲜。

刚出道时的李菁一身学生气，提着满满一箱化妆品的样品去拜访各大百货商场的化妆部经理，她曾被不分青红皂白地骂出门去："外语系毕业的小姑娘，不去外企大公司，跑到这儿来卖什么化妆品？也不怕掉价儿……"李礼的运气也好不到哪儿去，为了帮公司争取到优惠的合作条件，她曾在烈日炎炎下的马路牙子上坐了6个小时，才把主事儿的人——商场业务主管等回来。

李菁和李礼是幸运的，至少她们选择了一项自己热爱的职业并为之努力。"你不知道刚开始有多苦，"李菁说，"我们根本没有休息日，白天盯销售，晚上盘库存。常常是商场一开门就冲进去，晚上关门后才出来。整日和销售员一起站着，做促销，搞活动。我们之所以可以坚持下来，就是因为从来没有把自己摆得过高。只有努力从底层做起的人才能稳扎稳打，能上能下。"无法想象这些漂亮的女孩子曾在相当长的一段时间里在一间没有空调暖气，没有卫生间的简陋库房里工作，成箱的货品都是自己一级级台阶搬上搬下的。那时真的很委屈，但还是坚持下来了。

其实，她们对成功的定义就是要"开心"，要"感觉好"。每当有不顺心的事，就宽慰自己一句"比上不足，比下有余"，烦闷也就随着一笑而散去了。

这种比上不足、比下有余的心理，让人想起那个因为自己没有一双完整的漂亮的鞋而苦恼的女孩，当她为自己的漏洞的鞋而闷闷不乐时，忽然有一天她看到了那个拄着拐杖要饭的没有脚的男孩，她才发现，自己是多么的富有，又是多么的可悲。富有是因为她还有一双脚，而可悲却是因为她不懂珍惜现在的生活，不懂得欣赏自己的拥有。所以，学会俯视吧，只有这样，你才能满足，才会懂得珍惜现有的幸福。

不要做金钱的奴隶

生活离不开钱，但是大量的财富却是桎梏。

1936年，美国好莱坞影星利奥·罗斯顿在英国一次演出时，因患心肌衰竭被送进了伦敦一家著名的医院——汤普森急救中心，因为他的疾病起因于肥胖，当时他体重 385 磅，尽管抢救他的医生使用了当时医院最先进的药物和医疗器械，但最终还是没有能够挽留住他的生命。他在临终时不断自言自语，一遍遍重复道："你的身躯很庞大，但你的生命需要的仅仅是一颗心脏。"

汤普森医院的院长为一颗艺术明星过早地陨落而感到非常伤心和惋惜，他决定将这句话刻在医院的大楼上，以此来警策后人。

1983 年，美国的石油大亨默尔在为生意奔波的途中，由于过度劳累，患了心肌衰竭，也住进了这家医院，一个月之后，他顺利地病愈出院了。出院后他立刻变卖了自己多年来辛苦经营的石油公司，住到了苏格兰的一栋乡下别墅里去了。1998 年，在汤普森医院百年庆典宴会上，有记者问前来参加庆典的默尔："当初你为什么要卖掉自己的公司？"默尔指着刻在大楼上的那句话说："是利奥·罗斯顿提醒了我。"

后来在默尔的传记里写有这样一句话："巨富和肥胖并没有什么两样，不过是获得了超过自己需要的东西罢了。"

的确，多余的脂肪会压迫人的心脏，多余的财富会拖累人的心灵。因此，对于真正享受生活的人来说，任何不需要的东西都是多余的，他们不会让自己去背负这样一个沉重的包袱。人如果想活得健康一点儿、自在一点儿，任何多余的东西都必须舍弃。金钱对某些人来说，可能很重要，但对某些人来说，一点也不重要。不要做金钱的奴隶，金钱不是万能的，它不能买到世间的一切。

小山是一个地道的农夫，他终日守在自己的土地上辛勤地耕耘着，日出而作，日落而息，虽然生活并不富裕，但是不愁温饱，日子倒也过得和美快乐。有一天晚上，他梦见自己得到了 10 锭马蹄金，他从笑声中醒来后，并没有把这个梦放在心上。

可意想不到的是，第二天，小山在耕地的时候，竟然真的挖出了 5 锭金子，他的妻子和儿女们都兴奋不已。可他从此后却变得闷闷不乐，整天心事重重，家人问他为什么现在有钱了，反而不高兴了呢？小山回答说："我整天都在绞尽脑汁地思考：另外 5 锭马蹄金到底在哪儿呢？"

庆幸得到了金子，却失去了生活的快乐，真正的快乐是和金钱无关的。"人为财死，鸟为食亡"，如果把钱财看得太重，结果往往是对自己无益的。最终金钱不但不是为自己服务，自己反而被金钱所奴役。

其实生活的心态是一柄双刃剑，我们通常把拥有财产的多少、外表形象的好坏看得过于重要，用金钱、精力和时间去换取一种令外界羡慕的优越生活和无懈可击的外表，自己却丝毫没有察觉自己的内心在一天天地枯萎。

任何时候我们都不可远离生活中的真善美，不能被金钱所奴役，必须保持一颗不被铜臭所玷污的心，这样才能永远与快乐同行。否则，对金钱和财富的欲望会让我们坠入痛苦的深渊。

金钱不应该是罪恶的根源，但如果金钱让人白天吃不香，夜里睡不着，那它就会成为戕害你的刽子手。金钱不管拥有多少，总觉得还是不够，这就是过于贪婪了。幸福和快乐原本是精神的产物，期待通过增加物质财富而获得它们，岂不是缘木求鱼？

当我们为了拥有一辆漂亮小汽车、一幢豪华别墅而加班加点地拼命工作，每天半夜三更才拖着疲惫的身体回到家里；为了涨一次工资，不得不默默忍受上司苛刻的指责，日复一日地赔尽笑脸；为了签更多的合同，年复一年日复一日地戴上面具，强颜欢笑……以至于最后回到家里的是一个孤独苍白的自己，长此以往，终将不胜负荷，最后悲怆地倒在医院病床上的，一定是一个百病缠身的自己。此时此刻，我们应该问问自己：金钱真的那么重要吗？有些人的钱只有两样用途：壮年时用来买饭吃，暮年时用来买药吃。

人生苦短，不要总是把自己当成赚钱的机器。一生为赚钱而活着是非常悲哀的，学会把钱财看得淡些，不要一味地去追求享受。

要做金钱的主人，不要做金钱的奴隶，最有效的办法是用自己的双手创造财富的同时，不妨多一点休闲的念头，不要忘了自己的业余爱好，不妨每天花点时间与家人一起去看场电影，去散散步，去郊游一次……如果这样，生活将会变得丰富多彩，富有情趣；心灵会变得轻松惬意，自由舒畅；生命会变得活力无限。

总之，我们应该把自己放在生活主人的位置上，让自己成为一个真正的、完善的人。只有一个懂得生活情趣的人，才能让幸福快乐长久地洋溢在心间。

淡泊名利，知足常乐

过分自满，不如适可而止；锋芒太露，势必难保长久；金玉满堂，往往无法永远拥有；富贵而骄奢，必定自取灭亡。而功成名就，急流勇退，将一切名利都抛开，这样才合乎自然法则。

在日常生活中，很多时候，我们都不愿放弃对权力与金钱的追逐，依旧固执地不肯放下已经过去很久的往事……于是，我们只能用生命作为代价，透支着健康与年华；然而当我们得到一些自认为很珍贵的东西时，不知有多少与生命休戚相关的美丽像沙子一样在指间溜走，但我们却很少去思忖：掌中所握的生命的沙子，数量是非常有限的，一旦失去，便再也无法捞回来了。

托尔斯泰曾说过："欲望越小，人生就越幸福。"古往今来，不知有多少人因贪婪而身败名裂，甚至招致杀身之祸，驱使他们做出种种抉择的动力就是不可控制的贪欲，也因他们缺少了一种放松生活、开朗热情的良好品质。

清朝开国初期，摄政王多尔衮，为人非常贪婪，他一生为了追名逐利，争权夺势而不能自拔。

多尔衮对于皇权之争真可谓煞费苦心，六亲不认。他的哥哥皇太极去世后，虽然已拥立其子福临（即顺治）为帝，但多尔衮欲篡夺皇位的野心丝毫没有消减。孝庄文太后为了稳住与抚慰多尔衮贪婪之心，让其儿子顺治帝封多尔衮为皇叔摄政王。但是，这并没有使多尔衮对孝庄文太后母子的这一恩赐买账。他一面在暗地里制作龙冠、龙袍，以备伺机谋权篡位；另一面指使苏克萨哈、穆济伦等近侍策划"加封皇叔父摄政王为皇父摄政王，凡进呈本章旨意，俱书皇父摄政王"。在清朝众多的摄政、辅政王中，仅此一人称"皇父摄政王"的尊号与殊荣。

多尔衮随着权力的剧增，贪婪的胃口也日益增大。极尽追名逐利之能事，把福临之所以能登上宝座的功劳据为己有，把各王公在入主中原前后的战功也尽归于己。

由于多尔衮贪得无厌、利欲熏心，依仗他的权势恣意横行，天人共怒。正所谓利深祸速，他去世不足半月，顺治帝就一反常态地向皇父多尔衮大肆施以夺权之举：先命手下大学士等朝臣闯进摄政王府悉缴信符之类悉入库房；继而又派吏部侍郎索洪等人把赏功册夺回大内；在把多尔衮十数款罪状公布于世之后，就"将伊母子并妻所得封典，悉行追夺。诏令削爵，财产入官，平毁墓葬"。

一般贪婪自私的人目光如豆，只看得见眼前的利益，看不见身边隐藏的危机，也看不见自己生活的方向。人如果贪欲越多，往往是生活在日益加剧的痛苦中，一旦欲望获得满足，他们仍然会失去正确的人生目标，陷入对蝇头小利的追逐；还有一些人好贪小便宜，却因此而吃了大亏，这就是所谓的"知足之人永不穷，不知足之人永不富"。

在这个世界上，大多是那些懂得知足常乐的人生活得更为幸福。这是因为，一个具有开朗热情性格的人，通常在生活中懂得知足常乐、平淡是福，能够笑看输赢得失，当放则放。

有了一颗知足的心，人才会有真正的宁静、真正的喜悦、真正的幸福。知足常乐，是一种与世无争而又安于平凡的心境，也是一种不经意间的幸福。

知足可以理解为：别人的钱比自己多，我不嫉妒，钱少可以俭朴点、量入为出；别人有花园洋房、名牌时装，我不羡慕，房小可以安排得紧凑点，照样收拾得窗明几净，衣服穿不起名牌，青衣布衫也舒适；别人吃山珍海味，我不眼馋，粗茶淡饭也照样吃得健康结实，并且同样香甜。

常乐可以理解为：有一位爱自己的配偶，也许是一个最普通的人，没有权钱与容貌，但有一份真挚的爱情比什么都珍贵。有一份糊口的工作，虽然薪水不高，但能维持日常的生活，想想也欣慰。还有孩子，也许学习成绩平平，但身体健康，活泼可爱……这些难道说不是乐事吗？实际上，如果你仔细想想，就会发现身边的乐事数也数不清。这是多数人的一种最实际的生活。

真正的喜悦不是每天都追求到了什么，而是每天都怀有一颗满足的心愉快地生活。满足的秘诀，在于知道如何享受自己所有的，并能驱除自己能力之外的物欲。既然注定目前只能"一部分人先富起来"，既然"遍地黄金"的日子还没有到来，既然我们都是普通人，那么，其他就显得无足轻重，还是脚踏实地、安心地过平民百姓的生活。知足者常乐！

如果能闭上眼睛想想自己的生活，我们就会觉得自己拥有得太多了。但假如我们不懂得珍惜已经拥有的东西，得到的再多又有什么意义。

从前，有一个樵夫，靠每天上山砍柴为生，日复一日地过着平凡的日子。

有一天，樵夫跟往常一样上山去砍柴，在路上捡到一只受伤的银鸟，银鸟全身包裹着闪闪发光的银色羽毛。樵夫欣喜地说："啊！我一辈子从来没有看过这么漂亮的鸟！"于是把银鸟带回家，专心替银鸟疗伤。

在疗伤的日子里，银鸟每天唱歌给樵夫听，樵夫过着快乐的日子。

有一天，有个人看到樵夫的银鸟，告诉樵夫他看过金鸟，金鸟比银鸟漂亮上千倍，而且，歌也唱得比银鸟更好听。樵夫想，原来还有金鸟啊！

从此，樵夫每天只想着金鸟，也不再仔细聆听银鸟清脆的歌声，日子越来越不快乐。

一天，樵夫坐在门外，望着金黄的夕阳，想着金鸟到底有多美。此时，银鸟的伤已经康复，准备离去。银鸟飞到樵夫的身旁，最后一次唱歌给樵夫听，樵夫听完，只是感慨地说："你的羽毛虽然很漂亮，但是比不上金鸟的美丽，你的歌声虽然好听，但是比不上金鸟的动听。"

银鸟唱完歌，在樵夫身旁绕了3圈告别，向金黄的夕阳飞去。

樵夫望着银鸟，突然发现银鸟在夕阳的照射下，变成了美丽的金鸟。梦寐以求的金鸟，就在那里，只是，金鸟已经飞走了，飞得远远的，再也不会回来。

人往往在不知不觉之中成了樵夫，自己却不知道，不知道原来金鸟就在自己身边。只希望大家都不要无意间变成了樵夫。

有的人总是过多地考虑自己的利益得失，结果总是跟在成功者的后面跑来跑去，两手空空地走完了自己的一生。知足者能够认识到无止境的痛苦和欲望。如果太贪婪，欲望太强，而其自身的能力又有限，这样必然会导致不好的下场。

越是拒绝在现状中寻求可以令自己满意的事物，不满就会持续得越久。愈不满，就愈沮丧，愈乞求于期望、憧憬。与其埋怨目前的处境，倒不如珍惜目前所拥有的一切，愉快地过平常人的生活。

"知足者常乐"，这是人们通常说服自己求得心理平衡的道理，也是糊涂修身的原则之一。老子也说："知足之足，常足矣。"

知足是快乐的重要条件。著名心理学家多易居说：佛家早就看出，人类不快乐的最大原因是欲望得不到满足与期望不得实现。而美国文化培养出来的普拉格则详细区分"欲望"与"期望"，他说，虽然欲望也许有时会影响快乐，却是"美好人生"不可缺少和无法消除的成分；期望则是另一回事，例如，我们期望健康，但得付出代价。

普拉格举例说，某一天你发现身上长了个瘤，你忐忑不安地去找医师检查。一个礼拜后，当听到诊断结果是良性瘤时，你会感到这一天是你一生中最快乐的一天。

人活一生，人人都想生活得更美好，人们总会在各种可能的条件下，选择那种能为自己带来较多幸福或满足的活法。所以，除了追求名利外，人生还有另一种活法，那就是甘愿做个淡泊名利之人，粗茶淡饭，布衣短衫，以冷眼洞察社会，静观人生百态，这样，就能品出生命的美好，享受到生活的快感。过分看重名利，就会整日绷紧神经，心浮气躁，甚至茶饭不香，活得很累。

有的人既不求发财，也不求升官，每天上班安分守己做好本职工作，下班按时回家，每个月领着不算多但还算说得过去的一份薪水，晚上陪爱人在家里看看电视，周末带孩子逛逛公园，年轻的时候打打篮球，年纪大了练练太极拳，不上火，不生气，知足常乐，长命百岁。这样的人生可能看起来有些"平庸"，但其中的那份"闲适"给人带来的满足，也是那些整日奔波劳累、费心劳神追求功名利禄之人所体会不到的。

从一定意义上讲功成名就并不难，只要用勤奋和辛劳就可以换取，就是需要把别人喝咖啡的时间都用来拼搏。就一般情况来说，你多得一份功名利禄，就会少得一份轻松悠闲。而一切名利，都会像过眼烟云，终究会逝去，人生最重要的，还是一个温馨的家和脚下一片坚实的土地。

世界著名小说家玛格丽特·米契尔说过："直到你失去了名誉以后，你才会知道这玩意儿有多累赘，才会知道真正的自由是什么。"名誉之下，是一颗活得很累的心，因为它只是在为别人而活着。我们常常羡慕那些名人的风光，但我们是否了解他们的苦衷？其实每个人都一样，希望能活出自我，能活出自我的人生才更有意义。

桂冠、金钱，人世间许许多多的诱惑，那不过只是身外之物，只有生命最美，快乐最贵。我们要想活得潇洒自在，要想过得幸福快乐，就必须做到：学会淡泊名利享受、割断权与利的联系，无官不去争，有官不去斗；位低不自卑，位高不自傲，欣然享受清心自在的美好时光，这样就会感受到生活的快乐和惬意。否则，过于看重权力和地位，让一生的快乐都毁在争权夺利中，那就太不值得了。

懂得以淡泊之心看待权力地位，乃是免遭厄运和痛苦的良方，也是得到人生快乐和幸福的智慧所在。

只有各行各业的人努力工作，我们才有一切衣食器具与避风寒的屋宇；天下各种植物、动物、矿物提供给我们维持生命和赏心悦目的资源。生命是一种轮回。人生之旅，去日不远，来日无多，权与势，名与利……统统都是过眼烟云，只有淡泊才是人生的永恒。因此做任何事都要得意不忘形，失意不失态，遇到烦恼事拿得起，放得下，想得开，淡泊为怀，知足而且常乐。

控制无止境的欲望

追求可以成为一种快乐，欲望却永远都只是生命沉重的负荷。

同样是花草，有的花草几日无人料理就会枯萎，可仙人掌却不是这样，即使无人照顾，它也能顽强地生存。与其说仙人掌生命力顽强，倒不如说是仙人掌所求不多。人也是这样，如果我们能像仙人掌那样所求不多，何愁不能活得天高海阔大道坦然呢？

汤玛斯·富勒说："满足不在于多加燃料，而在于减少火苗；不在于积累财富，而在于减少欲念。"

任何事物都不是多多益善，当欲望产生时，即使再大的胃口都无法填满，贪婪的结果只会给人带来无穷尽的麻烦和烦恼。

贪婪是一种顽疾，人极容易成为它的奴隶。一个贪得无厌、毫不知足的人，等于是在愚弄自己，希望得到一切，可是到头来却两手空空，得不偿失。

生活贵在平衡，每一个环节都非常重要，因此不能稍有偏颇。如果过分贪婪，把握不住必要的尺度，就很容易受到伤害。有一则寓言也从另一个角度阐释了同样的道理：

很久以前，有个非常爱财的国王，一天，他对上帝说："请教给我点金术，让我伸手所能摸到的都变成金子，我要使我的王宫到处都金碧辉煌。"

上帝说："好吧。"

于是，第二天早晨，国王刚一起床，他伸手摸到的衣服就变成了金子，他高兴得不得了，然后他吃早餐，伸手摸到的面包也变成了金子，摸到的牛奶也变成了金子，他这时觉得有点不舒服了，因为他吃不成早餐，只能饿肚子了。他每天中午都要去王宫里的大花园散步，当他走进花园时，他看到一朵红玫瑰开放得十分娇艳，情不自禁地上前抚摸了一下，玫瑰立刻也变成了金子，他感到有点遗憾。因为这一天里，他只要一伸手，所触摸的任何物品全部变成了金子，后来，他吓得不敢伸手了，越来越恐惧，他已经饿了一天了。

到了傍晚，他最喜欢的小女儿来拜见他，他拼命地喊着不让女儿过来，但是天真活泼的女儿仍然像往常一样径直跑到父亲身边，伸出双臂来拥抱他，结果女儿变成一尊金像。

这时，国王大哭起来，他再也不想要这个点金术了，他跑到上帝那里向上帝祈求："上帝啊，请宽恕我吧，我再也不贪恋金子了，请把我心爱的小女儿还给我吧！"

上帝说："那好吧，你去河里把你的手洗干净。"

国王立刻到河边拼命地搓洗双手，然后赶快跑去抱自己的女儿，女儿变回了天真活泼的模样。

追求可以成为一种快乐，欲望却永远都只是生命沉重的负荷。

我们时常感到活得很累，实际上只是因为我们所求的太多。我们总希望自己爬得越高越好，拥有得越多越好，不断地索取，心灵自然无法得到休息。

　　人要生存，首先要有物质做基础，但索取物质的多少必须要有一个度。虽然物质可以无限制的增加，但是你却未必都能真实地享受，家有万贯，别人每餐吃一碗，你未必能吃十碗，别人晚上躺一张床，你未必能躺十张床。

　　为什么不采取另一种活法呢？抛弃欲望的重负，轻松愉悦地享受人生，那是多么美妙的事。当生命走到尽头时，回首往日，假如你的头脑中只剩下金光银影，却没有美好欢愉，生命岂不毫无色彩可言。

　　欲望，是我们所面对的最大的不快乐的陷阱。

　　因此，做人就要让自己活得轻松一些，"清心寡欲，无所需求"，你的人生从此便不再"累"了。如果想拥有快乐，就要控制自己的欲望，衡量自己的能力，适度地、有步骤地追求通过努力可以得到的东西，不强求一步登天，不企图得到最好最多，为自己得到的而快乐，满足于自己的选择。

　　现在，列出你的各种欲望，看看哪些是不必要的，可以控制的，把它们删除。专注地去完成那些对你真正有意义和有价值的事情吧！

钱多钱少都要活得尽兴

　　快乐，不能用金钱来衡量。富贵者，未必快乐。不少富且贵者，争权夺利，互相倾轧，既布设陷阱、机关算尽害人，又忧讯畏谗、处处防人害己，长年累月心劳力拙，神经紧张，虽锦衣玉食，金银满箱，最终还是得不到快乐。

　　生活中，每个人都不是十全十美的，家财万贯的人也未必就是幸福的，一个人幸福还是不幸福不能用金钱来衡量。

在人的一生中，享受生命比拥有财富更重要。人要在有限的生命中尽量让自己活得富裕一些，但是千万不能不择手段地获取财富，承担风险的享受远不如清贫的日子安逸。其实，每个人都可以随时享受生活，钱多有钱多的方法，钱少省吃俭用照样可以尽兴。

人生的诱惑实在是太多了，如果在这些诱惑面前辨不清它到底意味什么，只是盲目地追逐潮流，身不由己地为锦衣玉食不停地追求，为名利权位不停地旋转，等一阵喧闹之后，就会发现情感已被销蚀得千疮百孔，连自己原本拥有的快乐也给丢掉了。

很久以前，有一个财主，生意做得特别大，每日算计、操心，有很多烦恼。挨着他家的高墙外面，住了一户很穷的人家，夫妻俩以做烧饼为生，却有说有笑，快快活活。

财主的太太说："我们还不如隔壁卖烧饼的两口子，他们尽管穷，却活得非常快乐。"财主听了，便说："这个很容易，我让他们明天就笑不出来。"于是，他拿了一锭五十两重的金元宝，从墙上扔了过去。那夫妻俩发现地上不明不白地放着一个金元宝，心情立即大变。

第二天，夫妻俩商议，如今发财了，不想再卖烧饼了，那干点什么好呢？一下子发财了，又担心被别人误认为是偷来的。夫妻俩商量了三天三夜，还是找不到最好的办法，觉也睡不安稳，当然也就听不到他们的说笑声了。

财主对他的太太说："看！他们不说笑了吧？办法就是这么简单。"

"金钱永远只能是金钱，而不是快乐，更不是幸福。"这是希尔的一句名言。假如一个人只盯着金钱，那么它很容易就会掉进金钱的陷阱里。我们都要小心控制自己对金钱的欲望，在生活中，没有钱不行，但是如果有了钱而不去合理地花销，也是一文不值。

我们要做金钱的主人，不要被金钱所奴役！换句话说，就是不要被金钱束缚。钱只有在使用时，才会产生它的价值，假如放着不用，就根本毫无意义。一个人一旦钻进钱眼里，就是把自己送进了陷阱。人生需要金钱，更需要快乐，有了金钱也许会有更多的快乐，但用快乐去换取金钱可能就不值得了。生活中除了金钱还有其他更有意义的事情，不要一心想着钱。

痴迷金钱的人，是非常可悲的。因为金钱再多，也不见得能够幸福快乐，相反，很可能将自己推向充满痛苦的欲望深渊。所以聪明的人善于取舍，于我有益者，不懈追求；不利身心者，纵然好得天花乱坠，也毅然拒绝，不为所动，这才是智慧。否则，盲目的追求只能使人活得喘不过气来，让自己背上沉重的包袱。而且金钱何为多，何为少，很难有一个衡量的标准。

因此，每个人都应该让金钱为我所用，为人所用，而不要成了不肯花钱的守财奴，这样的人生才能过得痛快潇洒！

慷慨地"及时行乐"

美丽的东西只有在用的时候，才能更见其光华。因此，要把光鲜穿在身上，写在脸上，用在生活的琐琐碎碎中，让日子发亮。

在美国的宾夕法尼亚州有一位布朗夫人，她在一家银行里存有3140万美元。但是，由于她没能按照自己的意愿及时找到一家免费诊疗所为她的儿子治疗，致使她唯一的儿子截断了双腿。为了避免一些额外的开支，她常常吃冷麦片。后来，她在一次争论脱脂牛奶的质量时死去，当时她的财产已增到9.5亿美元。

我们不能不说布朗夫人的遭遇是人生的一大悲哀。在生活中，许多人对待自己太"狠"，他们即使很有钱，也舍不得吃穿用，当然不是浪费的那种吃穿用，等他们老了的时候，再想好好吃穿用，已经力不从心了；他们不知节制地抽烟喝酒，根本不拿自己的健康当回事，等病发的时候才知道后悔……这样的人我们随处可见。

那么，我们是不是应该反思一下自己？你是否曾经也这样对待过自己？

或许，你经常去超市买一堆食品，放在冰箱里就忘了吃，直到它过了保存期限，发出难闻的味道，才会发觉错过了食物的保存期限；或许，你曾经买了一件很喜欢的衣服却不舍得穿，隆重地供奉在衣柜里。一段时间之后，当你再看见它的时候，却发现它的样式已经过时了。这些美丽只能留在衣橱里，留在记忆里，流逝的青春，反而没能因此更添光彩。

因此，你就这样错过了生命中很多美好的东西。没有在最流行的时候穿上自己喜欢的衣服，没有在食物最可口的时候品尝它的滋味，就像没有在最适当的时候去做的事情，想起来，都是人生的一种遗憾。

人们因为"舍不得"会造成很多的浪费。美丽的衣服不穿它，多放几年，身材变形走样，衣服再美丽也是枉然，只能增加叹息而已。美丽的东西不用它，平白冷落，便是糟蹋。

人生就像是一张支票，是有期限的。很多东西生不带来死不带去，如果不在规定的期限内使用，你将再也没有机会了。因此不要给你的享乐设定条件，与其等着死后白白地浪费掉，还不如开开心心地享受一次。

人生变幻无常，就如玩大富翁棋一样，走到问号那一格，谁会知道能够抽到一张什么样的命运牌呢？要知道，美丽的东西只有在用的时候，才能更见其光华。因此，人生在世，不要想得太多，想做就做，想吃就吃，想爱就爱，学会慷慨地及时行乐吧！

锁住贪欲

锁住欲望，要求我们凡事有颗平常心，锁住了欲望就是锁住了贪婪。

有一个老锁匠，技艺高超，一生修锁无数，为人正直。但是，时间不饶人，老锁匠老了，为了不让绝技失传，他挑中了两个年轻人，准备将技艺传给他们。

没过多久，两个年轻人都学会了不少东西。可按规定，两个人中只有一人能得到真传，老锁匠决定对他们进行一次考试。

于是，老锁匠准备了两个保险柜，分别放在两个房间，让两个徒弟去开。结果大徒弟不到 10 分钟就打开了保险柜，可二徒弟却用了半个小时，大家都为大徒弟的高超技艺喝彩。

老锁匠问大徒弟："保险柜里装的是什么？"

大徒弟眼中放出了光彩："师傅，里面有许多钱，全是百元大钞。"

老锁匠又问二徒弟："你说，保险柜里装的是什么？"

二徒弟支吾了半天，说："师傅，我没看见里面是什么，您只让我打开锁。"

老锁匠非常高兴，郑重地宣布二徒弟为接班人。

大徒弟不服气，大家也感到不解。

老锁匠微微一笑，说："不论干什么行业，都要讲一个'信'字，特别是我们这一行，必须做到心中只有锁而无其他，对钱财更要视而不见，心上要有一把永远不能打开的锁啊。"

是啊！人生何尝不是，每个人心中都应有一把锁，锁住一切贪欲和私念，这样在我们的人生旅途中，才会光明磊落。一旦随意打开它，那我们还有什么可以锁住？放下心中的锁，你就为自己的心灵打开了一片广阔的天空。

明末清初有一本叫作《解人颐》的书，书中对欲望有一段入木三分的描述：

终日奔波只为饥，方才一饱便思衣。
衣食两般皆俱足，又想娇容美貌妻。
娶得娇妻生下子，恨无田地少根基。
买到田园多广阔，出入无船少马骑。

223

槽头扣了骡和马，叹无官职被人欺。

当了县丞嫌官小，又要朝中挂紫衣。

若要世人心里足，除是南柯一梦西。

因此，人心不足蛇吞象，不是一句空言。做人如控制不了自己的欲望，就要成为欲望的奴隶，最终要被欲望所淹没。

人之求利，情理之常，但君子爱财，应取之有道，如果无视社会法律、规则、道德，一味地强取豪夺，贪婪成性，只能让人唾弃。锁住贪欲，放下贪婪，会活得更轻松、更坦然。

有一个专做老红木家具生意的古董商，在一处偏僻的小山村里，无意间发现了一个十分珍贵的老式红木旧柜子。他惊喜万分，过后不久，古董商开始动了心思。

他先是与柜子的主人闲扯聊天，然后又假装在不经意间、小心翼翼地扯到了柜子上。随后，开价500元人民币准备购买。

山里人从来没有见过这么多钱，他把古董商看得直发毛。最后，山里人终于同意了，古董商一颗"怦怦"乱跳的心才算稳了下来。

但他马上又开始后悔了。原来，当看到山里人这么爽快地答应下来，他就觉得自己吃亏了，"根本就不应该出500元，也许300元足够了。"但是，还不能反悔，这样很容易让对方看出破绽。于是，古董商不死心地围着房前屋后细细琢磨。

"真巧，居然找到了一把脏兮兮的红木椅子！"他对主人说，"这个柜子实在太破了，拿回去也修不好，只能当柴火烧。"

山里人喃喃道："要不，你就别要了。"

古董商非常大度地一挥手："说出的话，怎能随便咽回去？这样吧，你干脆把那把椅子也送给我算了。"

山里人本来就有些自感惭愧，听他这样说，当然感激地连忙点头。

古董商笑道："那我明天早上再来取这些柴火。"

第二天一早，当古董商带着车来装运柜子和椅子时，看到门前有一堆柴火，山里人走出来说："您大老远地来一趟不容易，我已经替你把柴火劈好了。"

"后来呢？"有人问古董商。

古董商非常平静地从书架上取出一根木头。用右手做了一个"八"字形，原来，除了500元木头款外，还支付了300元的劈柴费。停了一会儿，古董商非常认真地说："其实，这800元应该算学费，因为从此我知道了过分贪婪将意味着什么。"

欲望，人皆有之。欲望本身并非都不好，但是欲望一旦无度，变成了贪欲，人也就变成了欲望的奴隶。

锁住欲望，就是锁住了贪婪！贪婪是灾祸的根源。过分的贪婪与吝啬，只会让人渐渐地失去信任、友谊、亲情等；物欲太盛造成灵魂变态，精神上永无快乐，永无宁静，只能给人生带来无限的烦恼和痛苦。

托尔斯泰曾说过："欲望越小，人生就越幸福。"这话蕴含着深刻的人生哲理。它是针对欲望越大人越贪婪，越易致祸而言的。"身外物，不奢恋"，这是思悟后的清醒。谁能做到这一点，谁就会活得轻松，过得自在。

因此，每个人都要懂得控制自己的欲望，善待财富，切忌吝啬与贪婪；还要自由地驾驭外物，将钱财用之于正道，凭借自己的才能智慧赚取钱财，去助人成就好事。

佛家有云："钱财乃身外之物。"生不带来，死不带去；得之正道，所得便可喜，用之正道，钱财便助人成就好事。如果做了守财奴，一点点小钱也看得如性命，甚至为了钱财忘了义理，为一得一失不惜毁了容颜丢掉性命，那也就是为物所役，那"倒不如无此一物"了。因此，锁住贪欲是非常必要的。

古今圣贤人士也都谆谆告诫我们，可以留意于物，但不能流连于物，更不能为物所役。

荣辱不惊，平平淡淡才是真

荣辱不惊，用一颗平常心去对待、解析生活，就能领悟到生活的真谛，就能体悟到平平淡淡才是真。

居里夫人曾两度获得诺贝尔奖，她是怎么样对待自己的名誉呢？得奖出名之后，她照样钻进实验室里，埋头苦干，而把成功和荣誉的金质奖章给小女儿当玩具。有个客人见了感到非常惊讶。居里夫人却笑了笑说："我要让孩子们从小就知道，荣誉就像玩具一样，只能玩玩罢了，绝不能永远地守着它，否则你将一事无成。"

在生活中，有的人却不是这样，他们稍微做出了点成绩，出了点名之后，便沾沾自喜起来，自以为功成名就了，就可以天天吃老本了，从此便失去了新的奋斗目标。这种做法是不足取的。鲁迅说："'自卑'固然不好，'自负'也是不好的，容易停滞。我想顶好是不要自馁，总是干；但也不可自满，仍旧总是用功。"

《菜根谭》上说："此身常放在闲处，荣辱得失谁能差遣我；此身常在静中，是非利害谁能瞒昧我。"意思是说，经常把自己的身心放在安闲的环境中，世间所有的荣华富贵和成败得失都无法左右我；经常把自己的身心放在安宁的环境中，人间的功名利禄和是是非非就不能欺骗蒙蔽我了。

在生活中随缘而安，纵然身处逆境，仍从容自若，以超然的心情看待苦乐年华，以平常的心情面对一切荣辱。平常心是一种人生的美丽，非淡泊无以明志，非宁静无以致远。不虚饰，不做作，襟怀豁然，洒脱适意的平常心态不仅给予你一双潇洒和洞穿世事的眼睛，同时也使你拥有一个坦然充实的人生。

在社会竞争日益激烈的今天，有一种平和的心态，对身体的健康和事业的成败都是至关重要的。当然，平常心是一种经历失败与挫折，不断奋斗努力，才能历练出的人生境界。它不为一切浮华沉沦，不为虚荣所诱。

时光荏苒，人生短暂。要快乐地品尝人生的盛宴，需要每个人拥有荣辱不惊、不卑不亢的平常心态。即使身份卑微，也不必愁眉苦脸，要快乐地抬起头，尽情地享受阳光；即使没有骄人的学历，也不必怨天尤人，而要保持一种积极拼搏的人生态度；当我们出入豪华场所，用不着为自己过时的衣着而羞愧；遇见大款老板、高官名人，也用不着点头哈腰，不妨礼貌地与他们点头微笑。我们用不着羡慕别人美丽的光环，只要我们拥有平和的心态，尽自己所能，选择自己的人生目标，勇敢地面对人生的各种挑战，无愧于社会、无愧于他人、无愧于自己，那么，我们的心灵圣地就一定会阳光灿烂，鲜花盛开。

荣辱不惊，是一种处世智慧，更是一门生活艺术。人生在世，生活中有褒有贬，有毁有誉，有荣有辱，这是人生的寻常际遇，不足为奇。古往今来无数事实证明，凡事有所成、业有所就者无不具有"荣辱不惊"这种极宝贵的品格。荣也自然，辱也自在，一往无前，否极泰来。

在现实生活中难免会遭到不幸和烦恼的突然袭击，有一些人，面对从天而降的灾难，处之泰然，总能使平常和开朗永驻心中；也有一些人面对突变而方寸大乱，甚至一蹶不振，从此浑浑噩噩。为什么受到同样的心理刺激，不同的人会产生如此大的反差呢？原因在于能否保持一颗平常心，荣辱不惊。

著名女作家冰心曾亲笔写下这样一句话："有了爱就有了一切。"看到这句话，不禁让人感到一种身心的净化，受到一种圣洁灵魂的感染。在冰心的身上，永远看到的是一个人生命力的旺盛，看到的是一颗跳动了近百年的、在思考、在奋斗的年轻、从容的心。在遗嘱里她还写下了这样的句子："我悄悄地来到这个世上，也愿意悄悄地离去。"

成功时不心花怒放，莺歌燕舞，纵情狂笑，失败时也绝不愁眉紧锁，茶饭不思，夜不能寐。拥有了一颗平常心，就拥有了一种超然，一种豁达，故达观者宠亦泰然，辱亦淡然。成功了，向所有支持者和反对者致以满足的微笑；失败了，转过身揩干痛苦的泪水。

实际上，生活就如同弹琴，弦太松弹不出声音，弦太紧会断，保持平常心才是悟道之本。古今中外的大多数伟人，他们沉着冷静，遇事不慌，及时应变，正确判断所处局势，取得了令人瞩目的成就。一般来说，人们只要不是处在疯狂或激怒的状态下，都能够保持自制并做出正确的决定。荣辱不惊的情绪，不仅平时可以给生活带来幸福稳定和畅快，而且能在危机的时候，帮助你转危为安，逢凶化吉。

在物欲横流、处处充满诱惑的社会里，能保持一颗平常心不是一件很容易的事。在平常心的世界里，一切都被看得平平常常，即"宠辱不惊，看庭前花开花落；去留无意，望天空云卷云舒"。

当然，保持平常心绝不是安于现状。人类的伟大在于永不休止地追求和渴望，历史的嬗变在于千百万创造历史的人们永无休止地劳作。生命是一个过程，而生活是一条小舟。当我们驾着生活的小舟在生命这条河中款款漂流时，我们的生命乐趣，既来自对伟岸高山的深深敬仰，也来自于对草地低谷的切切爱怜；既来自于与惊涛骇浪的奋勇搏击，也来自于对细波微澜的默默深思。因此我们平常的生命、平常的生活一经升华，就会变得不那么平常起来。因为，生命和生活是美丽的，这种美丽，恰恰蛰伏于最容易被我们忽略的平平常常之中。没有珍惜平常的人，不会创造出惊天动地的伟业，没有把平常日子过好的人，体味不到人生的幸福，因为平常孕育着一切，包容着一切，一切都蕴含在平常之中。

荣辱不惊，保持平常心，是人生的一种境界，它不是平庸，它是来自灵魂深处的表白，是源于对现实清醒的认识。人生在世，不见得权倾四方和威风八面，也就是说最舒心的享受不一定是荣誉的满足，而是性情的安然与恬淡。因此，荣辱不惊，用一颗平常心去对待、解析生活，就能领悟到生活的真谛，就能体悟到平平淡淡才是真！

不要盲目追求知名度

美誉度与知名度密不可分、相互联系、相互促进。如果一个高知名度和一个低美誉度在一起，还不如没有知名度。

"高档时装之王"瓦伦蒂诺曾在"世界时装之都"学习服装设计与制作，他学成之后，回到了意大利，在罗马开了一家时装店。他以为自己师出名门，肯定很快生意兴隆、名声大噪。没想到，一年之后，他和他的时装店还是默默无闻，他的生意也十分清淡，只能寄住在母亲的一位朋友家里。

他认为生意不利的原因，是因为自己没有知名度。于是，他决定举办一个时装表演会，靠宣传来提升知名度。他借了不少钱，将表演会的场面布置得很不错，然后遍发请柬，邀请名流来参加。没想到应邀而来的人寥寥无几，服装一套也没有卖出去，反而成为笑柄。

时装表演会的失败，使瓦伦蒂诺很受打击，但他不是一个轻易服输的人。他又重新振作起来，决定踏踏实实地经营自己的生意，再也不对投机取巧的方法抱什么指望。这次失败，使他悟到一个道理：做生意需要名气，但名气却不是宣传出来的，名气需要真正的实力作支撑，否则别人是不会买账的。不错，他设计的服装是很漂亮，但像他这个档次的服装设计者多如牛毛。若想取得真正的突破，必须使自己的实力在别人之上。

自此，瓦伦蒂诺开始潜心研究服装设计与制作艺术。不管是服装大师还是街头艺人，只要有一技之长，他都虚心向人学习，甚至连名师打蝴蝶结的一个手势，他也看在眼里，细心揣摩。凡有时装表演和展览会，他手头再拮据也要买票参加，以便向同行们学习宝贵经验。他畅游在服装艺术的海洋里，浑然忘了生活的窘迫。正如他后来回忆说："整整8年，我一直是个穷裁缝……不过少一点钱，也少一点杂念，可以集中精力探索服装的奥妙。"

苦熬8年后，瓦伦蒂诺的技艺日臻成熟，知名度也自然而然地上升了。这时，他也确立了自己的经营特色：高档面料，高雅华贵的风格，面向上流社会的女性顾客。

自此，瓦伦蒂诺的生意如顺风扬帆，全罗马的女贵族都乐意请他设计时装。他财源滚滚，再也不用借钱去买那点可怜的虚名，再后来全世界的达官贵人和超级明星都以穿他设计的时装为荣，看一看他的顾客名单，就知道他的知名度之高：美国前总统里根的夫人南希、西班牙皇后索菲娅、伊朗皇后法拉赫·迪、著名影星索菲亚·罗兰……这些来自世界各地的顾客成打成地订购时装，根本不在意价钱。瓦伦蒂诺每年的营业额达5亿马克以上，被誉为"高档时装之王"。

知名度对一个人来说并非越大越好，一个实力不够强的人如果有了过高的知名度，有可能会因为承受不了而带来负面的影响。瓦伦蒂诺的成功在于他认识到自己盲目追求知名度的错误时，错的不深，并立即停止了这种错误。可有的人在追求知名度的道路上却是骑虎难下，身不由己。

1996年的一个下午，中央电视台传来一个令全国震惊的新闻：名不见经传的秦池酒厂以3.2亿元人民币的"天价"，买下了中央电视台黄金时间段广告，并因此成了令人炫目的连任二届的"标王"。在1995年该厂曾以6666万元人民币夺得"标王"。

中标后的一个多月时间里，秦池就签订了4亿元的销售合同；头两个月秦池销售收入就达到2.18亿元。至6月底，订货已排到了年底。1996年秦池酒厂的销售也由1995年只有7500万元一跃为9.5亿元。事实证明，巨额广告投入确实带来了"惊天动地"的效果。对此，时任厂长姬长孔十分满意。

正营级退伍军人姬长孔刚到山东省潍坊市临朐县秦池酒厂报到的时候。秦池酒厂只有几间低矮的平房，一地的大瓦缸，还有长得有一人多高的杂草，全厂500多名工人有一半想往外走。这家1990年3月才领到工商执照的酒厂，只是山东很多个不景气的小酒厂中的一个，每年白酒产量一万吨左右，产品也从来没有卖出过潍坊地区。

姬长孔到秦池报到几个月后，开始意识到，"在家靠父母，出门靠朋友"式的市场推广方式走不了多远，取得市场上的胜利还有待于一些方法和智慧。于是，他移师沈阳。姬长孔后来回忆说，"如果沈阳打不下来，我也没脸回临朐了"。

在沈阳，姬长孔打了一场极其漂亮的销售"战役"。他先在当地电视台买断了段位，密集投放广告；然后带着推销员跑到大街上，沿街请市民免费品尝秦池酒；他还租用了一艘大飞艇在沈阳闹市区的上空游弋，然后撒下数万张广告传单，一时间场面十分轰动。

20天不到，秦池酒在沈阳已开始热销。姬长孔又借机迅速在媒体上发布了"秦池白酒在沈阳脱销"的新闻。

仅仅一年时间，价位偏低而宣传手段大胆的秦池酒在东北市场蔓延开来，销售额节节上升。姬长孔又开始长期转战各地，他住10元一天的地下室，每天吃的主食是面条，他还让从临朐开出的运货车里必须带上一大袋子青菜。这期间的节俭与日后他在梅地亚中心的一掷亿金构成了鲜明的对照。

1994年11月8日，北京正是寒冷的季节，穿着式样陈旧西装的姬长孔第一次出现在中央电视台梅地亚中心。当时他还不能意识到，这里将成为他的幸运和伤心地。一年之后，他成为了这里最耀眼的人物，而三年之后，当他又一次企图进入那道玻璃旋转门的时候，却因为没有出入证而被拒之门外。

姬长孔的皮包里带来了3000万元。这几乎是秦池酒厂一年的所有利税之和。此刻，想要别人多看你一眼，就必须抛出连自己都会兴奋的金钱筹码。

唱标结束,山东秦池酒厂以 6666 万元竞得"标王",高出第二位将近 300 万元!可此时人们还不知道谁是秦池,临朐县又是在哪里。从当时的一张照片可以看出,现场的姬长孔还很不习惯镁光灯的聚焦及众多记者的簇拥,在拥挤的人群中,他还笑得不太自然。但他显然知道,自己已达到了事业之巅。

1996 年 11 月 8 日,早已名满天下的姬长孔再次来到梅地亚。冲动的情绪在梅地亚会议中心蔓延,让每一个与会的英雄豪杰都受到了强烈的感染。当主持人念到"秦池酒厂"的时候,全场顿时鸦雀无声。主持人大声叫道:"秦池酒,投标金额为 3.212118 亿元!"有记者问,"秦池的这个数字是怎么计算出来的?"姬长孔回答:"这是我的电话号码。"这样的对答,仿佛是一个让人哑然的黑色幽默。其实,姬长孔心里最明白,他已经无路可走了。他必须要这个"标王"。

如果秦池不第二次中标,其销售量肯定会直线下降。对于一个富有挑战精神的企业家来说,这不仅意味着企业的死亡,实际上也意味着企业家生命的终结,他绝对不能接受。

可是,1997 年初的一则关于"秦池白酒是用川酒勾兑"的系列新闻报道,把秦池推进了无法自辩的泥潭。就在秦池蝉联中央台"标王"的同时,北京《经济参考报》的四位记者开始了对秦池的一次暗访调查。一个县级小酒厂,怎么能生产出 15 亿元销售额的白酒呢?

一个从未被公众知晓的事实尴尬地浮出了水面:秦池每年的原酒生产能力只有 3000 吨左右,他们是从四川收购了大量的散酒,再加上本厂的原酒、酒精,勾兑成低度酒,再以"秦池古酒""秦池特曲"等品牌销往全国市场。

这则报道像迅雷一般地传播到了全国各地,在很短的时间里,又被国内无数家报刊转载。姬长孔遭遇到了最猝不可防的一击。

这就是 1997 年的秦池,它可能是全中国最不幸的企业。在它君临巅峰的时候，身边站满了弹剑高歌的人们；而当暴风雨来临的时候，却找不到一个可以哭泣的肩膀。当年度，秦池完成的销售额不是预期的15亿元，而是6.5亿元，再一年，又下滑到3亿元，从此一蹶不振，最终从传媒的视野中消失了。

经济学家分析，秦池衰落的关键在于它采用了一种冒险的经营方式，把培育品牌的法宝全押在了广告的轰动效应上，却忽视了自身能力的提高，造成企业缺乏抵御风险的能力。因为标王不是酒王，它只是靠广告在消费者心目中打出的一个品牌，而本身质量并不过硬。鉴于秦池的教训，我们应该看得出，过分依赖广告不是致强之路，靠广告支撑的产品和企业，其生命是有限的。

事业成功非一朝一夕之事，应该循序渐进，过分追求反而会欲速则不达。成功的条件只能一点一点的积累，就像烧开水一样，一点一点的升温，最后事业才会沸腾起来。不能过分依赖媒体的宣传来树立良好的形象。因为大众不仅是要看一个企业的知名度，还会关注企业的美誉度，也就是获得众人信任、赞许的程度。

知名度和美誉度对市场的不同作用在于：拥有知名度的好处是让人认识它；拥有美誉度的好处是既让人认识它，又让认识它的人赞美它、认可它。品牌是名与实的一个统一体，知名度是名，美誉度是实，只有二者有机地结合在一起才能构成品牌的本质内核。美誉度是以知名度为基础的，但如果是一个高知名度和一个低美誉度在一起，那还不如没有知名度。

知名度与美誉度密不可分、相互联系、相互促进。盲目追求知名度，不如踏踏实实地做人，用实际的行为提高美誉度。

安逸的生活让人颓废

安逸的生活，虽然满足了物质生活的需要，却会让人陷入精神生活的荒漠，精神生活的荒漠会让人颓废、窒息以致死亡。

有一本关于禅学的书上讲了这样一个故事：

有个人在死后去阎罗殿的路上出现了一座金碧辉煌的宫殿，宫殿的主人请他留下来。

这个人说："我在世间辛苦劳作了一辈子，现在只想睡、只想吃，我非常讨厌工作。"

宫殿的主人说："好极了，我这里有舒适的床，你想睡多久就睡多久；我这里有山珍海味，你想怎么吃就怎么吃。而且，我还可以保证，任何人都不会打扰你。"于是，这个人就住了下来。

刚开始，这个人感到很快乐，渐渐地，他觉得有点空虚和寂寞。于是，他向宫殿主人抱怨："这样有什么意思，这种生活我已经厌倦了，你能不能给我找点事情做？"

"对不起，我们这里从来就不曾有过可以做的事情。"宫殿主人回答。

几个月后，这个人实在忍不住了，又去见宫殿主人："这种日子我受不了了，假如你不能给我找点事情做，我宁愿去下地狱！"

宫殿主人非常轻蔑地笑了："你以为这里是天堂吗？这里本来就是地狱啊！"

在物欲横流的社会里，人是最容易被毁掉的动物，因为在人的一生中，金钱、荣誉、地位被人们广泛地崇拜着，它们中的任何一种，只要在人身上滋生、蔓延，都足以使生命之树枯萎，使生命之舟搁浅。但是，人又是最不易被毁掉的动物，因为人有良知和理智，有判断力和意志力，人可以拒绝安逸，选择创造和奋斗。

有一个刚刚毕业的大学生，被分配到一个让许多人羡慕的政府机关，干着一份非常轻松的工作。

但是时间不长，年轻人就变得忧郁寡欢。原来年轻人的工作虽轻松，但与所学专业没有一点关系，空有一身本事却无用武之地。他想辞职外出闯天下，但内心深处却非常留恋眼下这一份既有保障又舒适稳定的工作。要知道外面的世界虽然很精彩，但是风险也很大啊！经过反复思量他仍拿不定主意，于是他就将心中的矛盾告诉他的父亲。父亲听后，给他讲了一个故事：

有一个乡下老人在山里打柴时，拾到一只很小的样子怪怪的鸟。那只怪鸟和出生刚满月的小鸡一样大小，也许因为它实在太小了，它还不会飞。老人就将这只怪鸟带回家给小孙子玩耍。

老人的小孙子很调皮，他将怪鸟放在小鸡群里，充当母鸡的孩子，让母鸡养育着，母鸡果然没有发现这个异类，全权负起一个母亲的责任。

怪鸟一天天长大了，后来人们发现那只怪鸟竟是一只鹰，人们担心鹰再长大一些会吃鸡。然而人们的担心是多余的，那只鹰一天天长大了，却始终和鸡相处得很和睦。只有当鹰出于本能在天空展翅飞翔再向地面俯冲时，鸡群才会引起片刻的恐慌和骚乱。

时间久了，村里的人们对于这种鹰鸡同处的状况越来越看不惯，如果哪家丢了鸡，首先便会怀疑那只鹰，要知道鹰终归是鹰，生来是要吃鸡的。愈来愈不满的人们一致强烈要求：要么杀了那只鹰，要么将它放生，让它永远也别回来。

因为和鹰相处的时间长了，有了感情，这一家人自然舍不得杀它，他们决定将鹰放生，让它回归大自然。然而他们用了许多办法，都无法让那只鹰重返大自然。他们把鹰带到村外的田野上，过不了几天那只鹰又飞回来了，他们驱赶它不让它进家门，他们甚至将它打得遍体鳞伤……试过许多办法都不奏效。最后他们终于明白：原来鹰是眷恋它从小长到大的家园，舍不得那个温暖舒适的窝。

后来村里的一位老人说，"把鹰交给我吧，我会让它重返蓝天，永远不再回来"。老人将鹰带到附近一个最陡峭的悬崖绝壁旁，然后将鹰狠狠向悬崖下的深涧扔去，如扔一个石头。那只鹰开始也如石头般向下坠去，然而快要坠到涧底时，它只轻轻展开双翅就稳稳托住了身体，开始缓缓滑翔，就飞向蔚蓝的天空。它越飞

235

越自由舒展，越飞动作越漂亮。这才叫真正的翱翔，蓝天才是它真正的家园呀！它越飞越高，越飞越远，渐渐变成了一个小黑点，飞出了人们的视野，永远地飞走了，再也没有回来。

听完父亲讲的故事，年轻人痛下决心，辞去公职外出闯天下，终于干出了一番事业。

没有人不贪图安逸的生活，如果丧失理智，一味追求安逸，就会毁灭自己。任何不劳而获的念头都是危险的，所有非分之想，只能招致痛苦。泰然面对客观的环境条件，辛勤劳动，不断创造，才是幸福人生的最佳选择。

杰克·伦敦写出《马丁·伊登》后，声名鹊起、财源滚滚，不仅在加利福尼亚海滨购置了别墅，还拥有了豪华游艇。然而，拥有这一切之后，厌倦、空虚、落寞和无聊接踵而至，后来他1916年在自己的别墅里开枪自杀。

所以说，安逸的生活本来就是地狱，它虽然满足了你物质生活的需要，却让你陷入了精神生活的荒漠。而精神生活的荒漠会让人颓废、窒息以致死亡。

别让欲望成为心灵的陷阱

人想拥有美好东西的念头不错，但这世间美好的东西实在是太多了，我们总希望让尽可能多的东西为自己所拥有，孰不知在贪婪地占有中，心灵也被腐蚀掉了。

人总想多得一些，结果往往不知不觉地连自己也失掉了。因此，我们要懂得如何享用自己所拥有的，并割舍不实际的欲念。可许多人拥有了却不知珍惜，反而想要更多。

有一天，一个老头在森林里砍柴。他抡起斧子正准备砍一棵树，突然从树上飞出一只金嘴巴的小鸟。

小鸟对老头说："你为什么要砍倒这棵树呀？"

"家里没柴烧。"

"回家去吧，你不要砍倒它。明天你家里会有很多柴的。"说完，小鸟就飞走了。

老头空手回到家，他对老太婆说："上床睡觉吧，明天家里会有很多柴的。"

第二天，老太婆发现院子里堆了一大堆柴，就叫老头："快来看，快来看，是谁在我家院子里堆了这么一大堆柴。"

老头把遇到了金嘴巴鸟的经过告诉了老太婆，老太婆说："柴是有了，可是我们却没有吃的。你去找金嘴巴鸟，让它给我们点吃的。"

老头又回到森林里的那棵树下。这时，金嘴巴鸟飞来了，它问："你想要什么呀？"

老头回答说："我的老太婆让我来对你说，我们家没有吃的了。"

"回去吧，明天你们会有许多吃的东西的。"金嘴巴鸟说完又飞走了。

老头回到家，对老太婆："上床睡觉吧，明天家里会有许多食物的。"

第二天，他们果真发现家里出现了许多鱼、肉、水果、甜食、葡萄酒和他们想要的其他食物。他们饱餐了一顿后，老太婆对老头说："快去找金嘴巴鸟，让它送我们一个商店，商店里要有许许多多的东西，这样，我们以后的日子就舒服了。"

老头又来到了森林里的那棵树下。金嘴巴鸟飞来问他："你还想要什么？"

"我的老太婆让我来找你，她请你送给我们一个商店，商店里的东西要应有尽有。她说，这样我们就可以舒舒服服地过日子了。"

"回去吧，明天你们会有一个商店的。"金嘴巴鸟说。

老头回到家把经过告诉了老太婆。

第二天他们醒来后，简直都不敢相信自己的眼睛了。家里到处都是好东西：锅、戒指、布匹、纽扣、镜子……真是应有尽有。

老太婆仔细地清理了这些东西以后，又对老头说："再去找金嘴巴鸟，让它把我变成王后，把你变成国王。"

老头回到森林里，他找到了金嘴巴鸟，对它说："我的老太婆让我来找你，让你把她变成王后，把我变成国王。"

金嘴巴鸟冷漠地望了一下老头，说："回去吧，明天早上你会变成国王，你的老太婆会变成王后的。"

老头回到家，把金嘴巴鸟的话告诉了老太婆。

第二天早上醒来，他们发现自己穿的是绫罗绸缎，吃的也是山珍海味，周围还有一大帮的侍臣奴仆。

但是，老太婆对此仍不满足，她对老头说："去，找金嘴巴鸟去，让它把魔力给我，让它来宫殿，每天早上为我跳舞唱歌。"

老头只好又去森林找金嘴巴鸟，他找了好长时间，最后总算找到了它，老头说："金嘴巴鸟，我的老太婆想让你把魔力给她，她还让你每天早上去为她跳舞唱歌。"金嘴巴鸟愤怒地盯着老头，它说："回去等着吧！"

老头回到家，他们等待着。

第二天起床后，他们发现自己被变成了两个又丑又小的矮人。

事实上，我们拥有快乐和生命已经是人生最大的拥有，又何必贪求得太多呢？贪婪的最后结果只能是一无所有。

人生如白驹过隙一样短暂，生命在失去和拥有之间，不经意间就会流干。有的人在这有限的生命空间里，只知道一味地索取更多，他们拥有了阳光的明媚，还想把璀璨的星光据为己有，但是越是想要占有，越是失去的更多。

知足，人生才富足

大哲人老子曾说过："祸莫大于不知足，咎莫大于欲得。"这句话对于今天有着尤其特殊的意义。纵观今日一些落马之人，探其缘由，"祸咎"概莫能出其"不知足"和"欲得"之外。贪婪的欲望使得一个又一个春风得意的"能人"，从马上倏然坠地，沦为"阶下囚"，甚至走上"断头台"。

自老子以后，很多先哲都提倡"知足知止"的教条，这个教条也确实在紧紧地约束着中国人的行止。比如庄子就是一个清心寡欲的人，他曾告诫人们："知足者，不以利自累也。"王廷相则说："君子不辞乎福，而能知足也；不去乎利，而能知足也。故随遇而安，有天下而不与也，其道至矣乎！"吕坤也有一言曰："万物安于知足，死于无厌。"

由古至今，人类始终难以摆脱欲望，同时在欲望的追逐中不乏涌现出一些有明智之举的理性人物。

希腊哲学家克里安德，当年虽已 80 高龄，但依然仙风鹤骨，非常健壮，有人问他："谁是世上最富有的人！"

克里安德斩钉截铁地说："知足的人。"

这句话恰和老子的"知足者富"的说法如出一辙。

曾有人问当代美国富有的石油大王史泰莱："怎样才能致富？"

这位石油大王不假思索地回答："节约。"

"谁比你更富有？"

"知足的人。"

"知足就是最大的财富吗？"

史泰莱引用了罗马哲学家塞涅卡的一句名言来回答说："最大的财富，是在于无欲。"

塞涅卡还有一句智慧的话："如果你不能对现在的一切感到满足，那么纵使让你拥有全世界，你也不会幸福。"

最妙的是，罗马大政治家兼哲学家西塞罗也曾有类似的说法："对于我们现在有的一切感到满足，就是财富上的最大保证。"

知足者常乐，知足便不作非分之想；知足便不好高骛远；知足便安若止水、气静心平；知足便不贪婪、不奢求、不巧取豪夺。知足者温饱不虑便是幸事；知足者无病无灾便是福泽。"知份心自足，委顺常自安"，这其中的玄机，就靠自己去参悟了。过分地贪婪、无理的要求，只是徒然带给自己烦恼而已，在日日夜夜的焦虑企盼中，还没有尝到快乐之前，已饱受痛苦煎熬了。因此古人说："养心莫善于寡欲。"我们如果能够把握住自己的心，驾驭好自己的欲望，不贪得、不觊觎，做到寡欲无求，役物而不为物役，生活上自然能够知足常乐、随遇而安了。

简单即幸福

住在田边的蚂蚱对住在路边的蚂蚱说："你这里太危险，搬来跟我住吧！"路边的蚂蚱说："我已经习惯了，懒得搬了。"几天后，田边的蚂蚱去探望路边的蚂蚱，却发现它已被车压死了。

——原来掌握命运的方法很简单，远离懒惰就可以了。

一只小鸡破壳而出的时候，刚好有只乌龟经过，从此以后，小鸡就打算背着蛋壳过一生。它受了很多苦，直到有一天，它遇到了一只大公鸡。

——原来摆脱沉重的负荷很简单，寻求名师指点就可以了。

一个孩子对母亲说："妈妈你今天好漂亮。"母亲问："为什么？"孩子说："因为妈妈今天一天都没有生气。"

——原来要拥有漂亮很简单，只要不生气就可以了。

一位农夫，叫他的孩子每天在田地里辛勤工作，朋友对他说："你不需要让孩子如此辛苦，农作物一样会长得很好的。"农夫回答说："我不是在培养农作物，我是在培养我的孩子。"

——原来培养孩子很简单，让他吃点苦头就可以了。

有一家商店经常灯火通明，有人问："你们店里到底是用什么牌子的灯管？那么耐用。"店家回答说："我们的灯管也常常坏，只是我们坏了就换而已。"

——原来保持明亮的方法很简单，只要常常换掉坏的灯管就可以了。

有一支淘金队伍在沙漠中行走，大家都步伐沉重，痛苦不堪，只有一人快乐地走着，别人问："你为何如此惬意？"他笑着说："因为我带的东西最少。"

——原来快乐很简单，只要放弃多余的包袱就可以了。

当代作家刘心武曾说："在五光十色的现代世界中，应该记住这样古老的真理：活得简单才能活得自由。"

简单是一种美，是一种朴实且散发着灵魂香味的美。

简单不是粗陋，不是做作，而是一种真正的大彻大悟之后的升华。

现代人的生活过得太复杂了，到处都充斥着金钱、功名、利欲的角逐，到处都充斥着新奇和时髦的事物。被这样复杂的生活所牵扯，我们能不疲惫吗？

美国哲学家梭罗有一句名言感人至深："简单点儿，再简单点儿！奢侈与舒适的生活，实际上妨碍了人类的进步。"他发现，当他生活上的需要简化到最低限度时，生活反而更加充实。因为他已经无须为了满足那些不必要的欲望而使心神分散。

简单地做人，简单地生活，想想也没什么不好。金钱、功名、出人头地、飞黄腾达，当然是一种人生。但能在灯红酒绿、推杯换盏、斤斤计较、欲望和诱惑之外，不依附权势，不贪求金钱，心静如水，无怨无争，拥有一份简单的生活，不也是一种很惬意的人生吗？毕竟，用不着挖空心思去追逐名利，用不着留意别人看你的眼神，没有锁链的心灵，快乐而自由。

知足常乐，终身不辱

知足者常乐也，而其终身不辱也。人生中很多失败的例子是不知足所导致的。

我国台湾的一位大学校长在一次新生接待会上问了一个这样的问题："同学们，你们快乐吗？""快乐！"下面的同学立即欢呼起来。"好，好，我的话到此结束。"大家惊愕了半天，然后才恍然大悟，顿时掌声大作。这位颇有风趣的校长其实是很了解学生心理的。他认为人的根本目的是追求快乐，而如果大家都很快乐，自己就不必再扫别人的兴了，因此，这位校长的做法很高明。

快乐是一种什么样的心境呢？或者说快乐到底是什么样子呢？这个问题，也许很难说清楚。但有一点必须肯定，快乐是很主观的，一个人的快乐是他人看不见的，只有通过他的表现和行为举止才有所了解。一个人认为是快乐的事，而另一个人却未必认为快乐。总之，快乐是很奇怪的，因人而异，因事而异，这种东西很大程度上是一种心理上的满足。

追求快乐是人性之一。哪个人不愿自己生活得快乐点？有人说人生来都是痛苦的，哪有快乐可言？正因为人生多痛苦，所以追求快乐才是我们努力的一个方向！人生活的根本目的是什么呢？可以说归根到底是为了"快乐"二字。成功的事业、富足的家产、自我实现……都是为了最终的快乐。快乐是一剂润滑剂，有了它你的生活将会光滑许多，没有它你前进的道路上就显得阻力重重。人生短暂如匆匆过客，何不选择快乐呢？

快乐的反面是痛苦。痛苦何来？人生来就是要追求快乐的，生来便具有各种欲望。这些需要和欲望应该是得到满足的，而一旦得不到满足，当理想和现实之间出现差距时，人的需要便产生了匮乏，也产生了痛苦。痛苦无时不在，无处不有，它像恶魔一样折磨着我们，企图使我们拜倒在它的脚下。而人越是痛苦，才越觉得快乐的可贵，才会拼命地去追求快乐。当他得到了新的快乐，新的痛苦又产生了。痛苦是没有止境的，因为人的欲望是无止境的。那么，我们是不是就应该不去追求快乐了呢？不，快乐是能追求到的，尽管人的欲望无穷，只要我们能知足，便能常乐。

知足的人即满足于自我的人，知足者能认识到无止境的欲望和痛苦，于是就干脆压抑一些无法实现的欲望，这样虽然看起来比较残忍，但它却减少了更多的痛苦。在能实现的欲望之内，他拼命为之奋斗，一旦得到了自己的所求，快乐便油然而生，每上进一个台阶，快乐的程度也会上进一个台阶。只有经常知足，在自我能达到的范围之内去要求自己，而不是刻意去勉强自己、强迫自己，才能心平气和去享受独得之乐。

富贵如云烟

人生就像一场比赛，不管多么努力，技术运用得多么高超，总会有相对于第一名的落后者。享受欢呼的，仅仅是那成千上万名中第一个冲到终点的幸运儿。生活又何尝不是这样？相对于那些在某一领域中因出类拔萃而获得万众瞩目的人来说，绝大多数的人都是那些在平凡的工作、平凡的家庭中默默尽力的人。况且，人生风云变幻，又有多少人没有品尝过世事沧桑的滋味呢？

从社会的需要说，每一种工作都是必需的。只要每个人做好自己的分内工作，维持物质的丰厚，为社会的繁荣作了贡献，他就应该自豪。若从生活的价值来说，体味到了人生的酸甜苦辣，做过了自己所喜欢的事，没有虐待这百岁年华的生命，心灵从容富足，则"在富在贫，皆足安心"。即所谓"不戚戚于贫贱，不汲汲于富贵"。在这个问题上，孔子有一句著名的话，叫"不义而富且贵，于我如浮云"。他的意思是，人皆有利心，但是要去贫贱，求富贵，均必须以是否符合"义"为前提，"不以其道得之，不处也""不以其道得之，不去也"。不能嗜欲太过，甚至不顾一切，以不正当的手段去谋求富贵。一个人所具有的价值，只要它确实存在，就绝不会因穿着华服或褴衣而有所改变，关键在于有自持之态。陶渊明荷锄自种，嵇叔夜树下锻炼，均为贫介之士，但他们的精神却万古流芳。自古以来就有"窃钩者诛，窃国者侯"的史笔。古人曰："达亦不足贵，穷亦不足悲。""人不可以苟富贵，亦不可以徒贫贱。"这对于我们如何生活，的确是足资凭借的箴言。

要做到"不戚戚于贫贱，不汲汲于富贵"，就要有不贪之心。要懂得播种一分、收获一分的道理，不要强求，不要希图意外的惊喜。《一千零一夜》中阿里巴巴的哥哥高西木进了四十大盗的藏宝洞，欣喜若狂，攫宝不已，忘了回家，致使强盗回来，把他砍死。佛祖在《佛说四十二章经》告诫世人说："财色之取，譬如小儿食刀刃之饴，甜不足一食之羹，然有截舌之患也。"

其实，在古人的眼里，"富贵"两字，是人人都可以做到的。"不取于人谓之富，不屈于人谓之贵"，白衣草鞋，自有一股飘逸清雅的仙气，粗茶淡饭，自有一份闲适自在的意趣。